高等学校应用型特色规划教材

PLC 技术及应用

阳同光　李德英　主　编

陈　钢　蒋冬初　荀　倩　副主编

清华大学出版社

北　京

内 容 简 介

可编程控制器是以微处理器为核心，融合计算机技术、自动控制技术和网络通信技术，广泛应用于工业自动化领域的控制装置。

本书全面介绍了 S7-200 的硬件结构、指令系统和编程软件的使用方法；通过大量的实例，介绍了功能指令的使用；介绍了一整套先进、完整的数字量控制梯形图的设计方法。通过工程实例，深入浅出地介绍了触摸屏的组态和应用、组态软件在系统监控和被控对象仿真中的应用，介绍了 PLC、触摸屏和变频器的综合工程应用方法。各章均配有习题。

本书坚持以"够用、实用、会用"为原则，在内容的安排上，理论要求简明扼要，加强实践内容，突出针对性、实用性和先进性，重点帮助读者提升 PLC 应用能力，更好地满足生产实际的需要。

本书适合作为高等学校电气工程、自动化和其他专业的教材，也可作为自学者的参考书，还可作为电气控制领域工程技术人员的参考书。

图书在版编目(CIP)数据

PLC 技术及应用/阳同光，李德英主编. —北京：清华大学出版社，2017
(高等学校应用型特色规划教材)
ISBN 978-7-302-48229-1

Ⅰ. ①P…　Ⅱ. ①阳…　②李…　Ⅲ. ①PLC 技术—高等学校—教材　Ⅳ. ①TM571.6

中国版本图书馆 CIP 数据核字(2017)第 209691 号

责任编辑：陈冬梅
装帧设计：王红强
责任校对：宋延清
责任印制：沈　露
出版发行：清华大学出版社
　　　　　网　　　址：http://www.tup.com.cn, http://www.wqbook.com
　　　　　地　　　址：北京清华大学学研大厦 A 座　　　　邮　　编：100084
　　　　　社 总 机：010-62770175　　　　　　　　　　　邮　　购：010-62786544
　　　　　投稿与读者服务：010-62776969, c-service@tup.tsinghua.edu.cn
　　　　　质量反馈：010-62772015, zhiliang@tup.tsinghua.edu.cn
　　　　　课件下载：http://www.tup.com.cn, 010-62791865
印 装 者：北京鑫海金澳胶印有限公司
经　　销：全国新华书店
开　　本：185mm×260mm　　　印　张：14.25　　　字　数：299 千字
版　　次：2017 年 9 月第 1 版　　　印　次：2017 年 9 月第 1 次印刷
印　　数：1~2000
定　　价：35.00 元

产品编号：076380-01

前　言

可编程控制器是以微处理器为核心，融合计算机技术、自动控制技术和网络通信技术，广泛应用于工业自动化领域的控制装置。目前市场上可编程控制器种类繁多，本书以主流品牌西门子系列产品为讲解对象。

本书共分 7 章，主要为两大部分，分别介绍 S7-200 系列的基本结构、工作原理及编程指令，以及触摸屏和组态软件的应用等。

本书针对 PLC 与人机界面(HMI)，以详细的工程实例，深入浅出地讲解 PLC 与触摸屏相结合的系统设计方法。

第 1~4 章：讲解西门子 S7-200 系列 PLC 的编程基础、基本指令和程序设计基本方法，通过工程实例详细介绍 S7-200 的基本指令和功能指令。

第 5 章：介绍触摸屏的基础知识。

第 6 章：介绍组态软件的基本功能和设置方法，并采用项目式的应用实例对组态的基本步骤进行详细讲解。

第 7 章：介绍 PLC、触摸屏和变频器的综合应用，涉及画面对象组态、报警功能使用以及配方组态等。

本书的特点如下。

(1) 遵循学生的认知规律，打破传统的学科课程体系，坚持以任务为引领，以相关知识和技能为支撑，以教师为主导，以学生为主体，采用项目式教学形式对 PLC 知识与技能进行重构，让学生在完成工作任务的过程中学习相关知识，突出学生技能的培养和职业习惯的养成，力求做到教、学、做合一，理论与实践一体化。

(2) 以就业为导向，坚持以"够用、实用、会用"为原则，在内容的安排上，理论要求简明扼要，加强实践内容，突出针对性、实用性和先进性，重点培养学生的 PLC 应用能力，更好地满足企业岗位的需要。

(3) 全书内容尽可能多地采用图、表来展示各个知识点与任务，做到图文并茂，增强直观效果，提高教材的可读性与可操作性。

(4) 编写内容贴近生产实际，书中所举案例多来自生产设备电气控制的实际电路，每个任务编写完整，不仅有完成的硬件设计、软件设计，还有详细的调试过程。

本书由湖南城市学院阳同光博士、湖南信息学院李德英老师担任主编，三一重工股份有限公司陈钢、湖南城市学院蒋冬初教授、湖州师范学院荀倩老师担任副主编；同时要感谢长沙理工大学付强博士对本书给予的大力支持和帮助。由于编者水平有限，书中难免存在不足与疏漏之处，希望广大读者朋友给予批评指正。

编　者

目　录

第1章　可编程控制器概述

本章要点

可编程控制器(Programmable Logical Controller，PLC)是以微处理器为核心，结合计算机技术、自动化技术和通信技术发展起来的一种通用自动控制装置，广泛地应用于机械、冶金、能源、化工、石油、交通、电力等领域。本章主要讲述 PLC 的产生、定义、特点及发展，以及 PLC 的发展趋势、基本组成、工作原理、主要性能指标。

学习目标

- 了解 PLC 的组成及工作原理。
- 了解 PLC 的发展趋势。
- 掌握 PLC 与继电接触式控制系统的异同。

1.1　PLC 的产生及发展

可编程控制器是现代制造业为适应市场需要和提高竞争力，在生产设备和自动化生产线对柔性、可靠性和产能方面提出更高要求的背景下应运而生的新型工业控制装置。它综合了计算机技术、自动控制技术和通信技术等，实现了控制装置的三电一体化，是当代工业生产水平的重要标志之一。

1.1.1　PLC 的产生

早期的自动化生产设备基本上都是采用继电器控制方式，系统复杂程度不高、自动化水平有限。这种控制系统具有结构简单、价格低廉、容易操作等优点，适用于工作模式固定、要求比较简单的场合，目前应用仍然比较广泛。

随着工业生产的迅速发展，市场竞争更加激烈，产品更新换代的周期日趋缩短。由于传统的继电器控制系统存在设计制造周期长、维修和改变控制逻辑困难等缺点，越来越不能适应工业现代化发展的需要。因此，研制既具有继电器控制系统的优点，又能做到可靠性高、易于维护、开发周期短且能满足控制功能和产品多样化要求的控制器，就显得极为迫切。

电子技术和计算机技术的发展为满足这种需求提供了可能。1968 年，美国通用汽车公司(GM)对外公开招标，要求用新的电气控制装置取代继电器控制系统，以适应迅速改变生产程序的要求。该公司对新的控制系统提出了 10 项指标。

(1) 编程方便，可现场编辑和修改程序。

(2) 维修方便，采用插件式结构。

(3) 可靠性要高于继电器控制系统。

(4) 体积要明显小于继电器控制柜。

(5) 具有数据通信功能。

(6) 价格便宜，其性价比明显高于继电器控制系统。

(7) 输入可为 AC 115V。

(8) 输出可为 AC 115V，2A 以上，可直接驱动接触器、电磁阀等。

(9) 扩展时，原系统改变最少。

(10) 用户存储器大于 4KB。

这 10 项指标实际上就是现在 PLC 的最基本的功能。其核心要求可归纳为 4 点。

第一，用计算机代替继电器控制盘。

第二，用程序代替硬接线。

第三，输入/输出电平可与外部装置直接相联。

第四，结构易于扩展。

1969 年，第一台 PLC 在美国的数字设备公司(DEC)制成，并成功地应用到美国通用汽车公司(GM)生产线上，它既有继电器控制系统的外部特性，又有计算机的可编程性、通用性和灵活性，开创了 PLC 的新纪元。

20 世纪 70 年代中期，随着大规模集成电路和微型计算机技术的发展，美国、日本、德国等国把微处理器引入 PLC，使 PLC 在继电器控制和计算机控制的基础上，逐渐发展为以微处理器为核心，把自动化技术、计算机技术、通信技术融为一体的新型自动控制装置。而且在编程方面采用了面向生产、面向用户的语言，打破了以往必须由具有计算机专业知识的人员使用计算机编程的限制，使广大工程技术人员和具有电工知识的人员乐于接受和应用，所以得到了迅速的推广。

PLC 未来的发展不仅依赖于对新产品的开发，还在于 PLC 与其他工业控制设备和工厂管理技术的综合。无疑，PLC 在今后的工业自动化中将扮演重要的角色。

可编程控制器简称为 PLC，它是在电气控制技术和计算机技术的基础上开发出来的，并逐渐发展成为以微处理器为核心，综合了计算机技术、自动控制技术和通信技术的新型工业自动控制装置。PLC 在机械、冶金、能源、化工、石油、交通、电力等领域中的应用非常广泛。

1987 年，国际电工委员会(IEC)在颁布可编程序控制器标准草案时，对可编程控制器定义如下："可编程序控制器是一种以数字运算操作的电子系统，专为在工业环境下应用而设计。它采用可编程序的存储器，用于在其内部存储执行逻辑运算、顺序控制、定时、计数和算术运算等的面向用户的指令，并通过数字式和模拟式的输入和输出，控制各种类型的机械设备或生产过程。PLC 及其有关外围设备，都应按易于与工业系统连成一个整体、易于扩充其功能的原则进行设计。"

1.1.2 PLC 的特点

PLC 是面向用户的、专为在工业环境下应用而设计的专用计算机，它具有以下几个显著的特点。

1. 可靠性高，抗干扰能力强

由于可编程序控制器是专为工业控制而设计的，所以除了对元器件进行筛选外，在软件和硬件上都采用了很多抗干扰的措施，如内部采用屏蔽、优化的开关电源，具有光耦合隔离，采用了滤波、冗余技术，具备自诊断故障、自动恢复等功能，采用了由半导体电路组成的电子组件，这些电路充当的软继电器等开关是无触点的，如存储器、触发器的状态转换均无触点，极大地增加了控制系统整体的可靠性。而继电器、接触器等硬器件使用的是机械触点开关，所以两者的可靠程度是无法比拟的。

可编程序控制器还采用循环扫描的工作方式，所以能在很大程度上减少软故障的发生。有些高档的 PLC 中，还采用了双 CPU 模块并行工作的方式。即使 CPU 出现一个故障，系统也能正常工作，同时，还可以修复或更换有故障的 CPU 模块；一般可编程序控制器的平均无故障时间能达到几万小时，甚至可达几十万个小时。

2. 编程简单、直观

PLC 是面向用户、面向现场的，考虑到大多数电气技术人员熟悉继电器控制线路的特点，在 PLC 的设计上，没有采用微机控制中常用的汇编语言，而是采用一种面向控制过程的梯形图语言。梯形图语言与继电器原理图类似，形象直观，易学易懂。电气工程师和具有一定知识的电工工艺人员都可以在很短的时间内学会。PLC 继承了计算机控制技术和传统的继电器控制技术的优点，使用起来灵活方便。近年来，又发展了面向对象的顺控流程图语言(Sequential Function Chart，SFC)，使编程更加简单方便。

3. 控制功能强

PLC 除具有基本的逻辑控制、定时、计数、算术运算等功能外，配上特殊的功能模块还可实现位控制、PID 运算、过程控制、数字控制等功能。

PLC 可连接成为功能很强的网络系统，低速网络的传输距离达 500~2500m，高速网络的传输距离为 500~1000m，网上节点可达 1024 个，并且高速网络和低速网络可以级联，兼容性好。

4. 易于安装，便于维护

PLC 安装简单，其相对较小的体积，使之能安装在通常继电器控制箱一半的空间中。在从继电器控制系统改造到 PLC 系统的情况下，PLC 小的模块结构使之能安装在继电器箱附近，并将连线接向已有的接线端，而且改换很方便，只要将 PLC 的输入/输出端子连向已有的接线端子排即可。

在大型 PLC 系统的安装中，远程输入/输出站安置在最优地点，远程 I/O 站通过同轴电缆和双扭线连向 CPU，这种配置大大减少了物料和劳力，远程子系统也意味着系统不同部分可在到达安装场地前由 PLC 工程商预先连好线，这一做法大大减少了电气技术人员的现场安装时间。

从一开始，PLC 便以易维护作为设计目标。由于几乎所有的器件都是模块化的，维护时，只须更换模块级插入式部件，故障检测电路将诊断指示器嵌在每一部件中，能指示器件是否正常工作，借助于编程设备，可以观察到输入/输出是 ON 还是 OFF，还可以通过写编程指令来报告故障。

总之，在工业应用中使用 PLC 的优点是显而易见的。通过 PLC 的使用，可以使用户获得高性能、高可靠性带来的高质量和低成本。

1.1.3 PLC 的发展

可编程序控制器的发展方向：目前 PLC 的发展方向主要有两个。

一是朝着小型化、简易、廉价化方向发展。单片机技术的发展，促进了 PLC 向紧凑型发展，体积减小，价格降低，可靠性不断提高。这种小型的 PLC 可以广泛取代继电器控制系统，应用于单机控制和小型生产线的控制等。

二是朝着标准化、系列化、智能化、高速化、大容量化、网络化方向发展，这将使 PLC 功能更强，可靠性更高，使用更方便，适用面更广。大型的 PLC 一般为多微处理器系统，有较大的存储能力和功能强劲的输入/输出接口。通过丰富的智能外设接口，可以实现流量、温度、压力、位置等闭环控制；通过网络接口，可级联不同类型的 PLC 和计算机，从而组成控制范围很大的局域网络，适用于大型的自动化控制系统。

1.2 PLC 的基本组成

可编程序控制器的基本组成包括硬件和软件两部分。

1.2.1 PLC 的硬件组成

PLC 的硬件组成包括中央处理器(CPU)、存储器(RAM、ROM)、输入输出(I/O)接口、编程设备、通信接口、电源和其他一些电路。PLC 的硬件结构如图 1-1 所示。

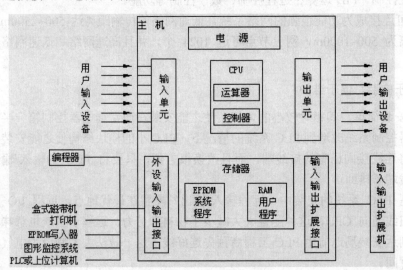

图 1-1 PLC 的硬件结构

1. 中央处理单元

中央处理单元(CPU)是 PLC 的核心部件，整个 PLC 的工作过程都是在中央处理器的统一指挥和协调下进行的，它的主要任务是在系统程序的控制下，完成逻辑运算、数学运算，协调系统内部各部分的工作等，然后根据用户所编制的应用程序的要求去处理有关数据，最后，向被控制对象送出相应的控制(驱动)信号。

2．存储器

存储器是 PLC 用来存放系统程序、用户程序、逻辑变量及运算数据的单元。

存储器的类型有可读/可写操作的随机存储器(RAM)和只读存储器(ROM、PROM、EPEOM 和 EEPROM)。

3．输入/输出接口

输入/输出(I/O)是 PLC 与工业控制现场各类信号连接的部件。PLC 通过输入接口，把工业现场的状态信息读入，输入部件接收的是从开关、按钮、继电器触点和传感器等输入的现场控制信号，通过用户程序的运算与操作，对输入信号进行滤波、隔离、电平转换等，把输入信号的逻辑值准确、可靠地传入 PLC 内部，并将这些信号转换成中央处理单元能接收和处理的数字信号，把结果通过输出接口输出给执行机构。

PLC 通过输出接口，接收经过中央处理单元处理的数字信号，并把它转换成被控制设备或显示装置能接收的电压或电流信号，从而驱动接触器、电磁阀和指示器件等。

PLC 的输入输出等效电路如图 1-2 所示。

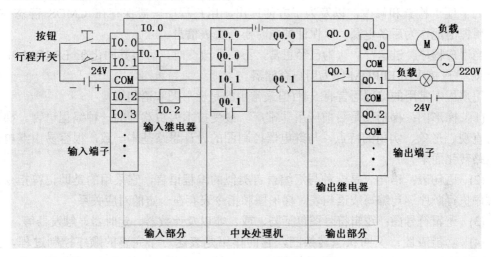

图 1-2　PLC 的输入输出等效电路

4．电源模块

电源模块是把交流电转换成直流电的装置，它向 PLC 提供所需要的高质量直流电源。可编程控制器的电源包括对各工作单元供电的开关稳压电源和掉电保护电源。PLC 的电源与普通电源相比，其稳定性好、抗干扰能力强。许多 PLC 还向外提供 DC 24V 稳压电源，用于对外部传感器供电。

5．编程器

编程器是 PLC 必不可少的重要外围设备。它的主要作用是编写、输入、调试用户程序，还可用来在线监视 PLC 的工作状态，与 PLC 进行人机对话。它是开发、应用、维护PLC 时不可缺少的设备。

6. 其他接口

其他接口包括外存储器接口、EPROM 写入器接口、A/D 转换接口、D/A 转换接口、远程通信接口、与计算机相连的接口、打印机接口、与显示器相连的接口等。

1.2.2 PLC 的软件组成

可编程控制器的软件组成包括系统程序和用户程序。

1. 系统程序

系统程序是指控制和完成 PLC 各种功能的程序。系统程序可完成系统命令解释、功能子程序调用、管理、监控、逻辑运算、通信、各种参数设定、诊断(如电源、系统出错,程序语法、句法检验)等功能。系统程序由制造厂家直接固化在只读存储器 ROM、PROM 或 EPROM 中,用户不能访问和修改。

2. 用户程序

用户程序是用户根据 PLC 控制对象的生产工艺及控制要求而编制的应用程序。

为了便于检查和修改,以及为了方便读出,用户程序一般保存在 CMOS 静态 RAM 中,用锂电池作为后备电源,以保证掉电时不会丢失信息。

当用户程序经过运行,认为已经正常,不需要改变时,可将其固化在 EPROM 中。有的 PLC 已直接采用 EPROM 作为用户存储器。

用户程序常用的编程语言有 5 种(但最常用的是梯形图和语句表)。

(1) 梯形图:梯形图是目前应用非常广、最受技术人员欢迎的一种编程语言。梯形图具有直观、形象、实用的特点,与继电器控制图的设计思路基本一致,很容易由继电器控制电路转化而来。

(2) 语句表:语句表是一种与汇编语言类似的编程语言,它采用的是助记符指令,并以程序执行顺序逐句编写成语句表。梯形图和指令表存在一定的对应关系。

(3) 逻辑符号图:逻辑符号图包括与、或、非以及计数器、定时器、触发器等。

(4) 功能表图:又叫状态转换图,它的作用是表达一个完整的顺序控制过程,简称 SFC 编程语言。它是将一个完整的控制过程分成若干个状态,各状态具有不同的动作,状态间有一定的转换条件,条件满足则执行状态转换,上一状态结束时则下一状态开始。

(5) 高级语言:主要是大中型 PLC 才会采用高级语言来编程,如 C 语言、BASIC 语言等。

1.2.3 PLC 与继电器控制系统的比较

在 PLC 的编程语言中,梯形图是最为广泛使用的语言。PLC 的梯形图与继电器控制线路图十分相似,主要原因是,PLC 梯形图的编写大致上沿用了继电器控制电路的元件符号,仅个别处有些不同。同时,信号的输入/输出形式及控制功能也是相同的。

但 PLC 的控制与继电器的控制也有不同之处,主要表现在以下几个方面。

1. 组成器件不同

继电器控制线路由许多真正的硬件继电器组成，而梯形图则由许多所谓"软继电器"组成。这些"软继电器"实质上是存储器中的每一位触发器，可以置"0"或置"1"。硬件继电器易磨损，而"软继电器"则无磨损现象。

2. 触点数量不同

硬继电器的触点数量有限，用于控制的继电器的触点数一般只有 4~8 对；而梯形图中每只"软继电器"供编程使用的触点有无限对。因为在存储器中的触发器状态(电平)可取用任意次数。

3. 实施控制的方法不同

在继电器控制线路中，某种控制是通过各种继电器之间的硬接线实现的。由于其控制功能已包含在固定线路之间，因此它的功能专一，不灵活。而 PLC 控制是通过梯形图(即软件编程)解决的，所以灵活多变。

另外，在继电器控制线路中，为了达到某种控制目的，而又要安全可靠，同时还要节约使用继电器触点，因此设置了许多有制约关系的联锁电路；而在梯形图中采用扫描工作方式，不存在几个支路并列同时动作的因素，同时，在软件编程中也可将联锁条件编制进去，因而，PLC 的电路控制设计比继电器控制设计大大简化了。

4. 工作方式不同

在继电器控制线路中，当电源接通时，线路中各继电器都处于受制约状态，即应吸合的继电器都同时吸合，不应吸合的继电器都因受某种条件限制不能吸合。这种工作方式有时称为并行工作方式。

而在梯形图的控制线路中，各软继电器都处于周期性循环扫描接通中，受同一条件制约的各个继电器的动作次序决定于程序扫描顺序，这种工作方式有时称为串行工作方式。

1.3　PLC 的工作原理

PLC 有两种基本的工作状态，即运行(RUN)状态与停止(STOP)状态。在运行状态，PLC 通过反映控制要求的用户程序来实现控制功能。为了使 PLC 的输出能及时地响应随时可能变化的输入信号，用户程序不是只执行一次，而是反复不断地重复执行，直至 PLC 停机或切换到 STOP 工作状态。

1.3.1　扫描工作方式

当 PLC 运行时，有许多操作需要进行，但执行用户程序是它的主要工作，另外还要完成其他工作。它实际上是按照分时操作原理进行工作的，每一时刻执行一个操作，这种分时操作的工作过程称为 CPU 的扫描工作方式。在开机时，CPU 首先使输入暂存器清零，更新编程器的显示内容，更新时钟和特殊辅助继电器内容等。

在执行用户程序前，PLC 还应完成的辅助工作有内部处理、通信服务、自诊断检查。

在内部处理阶段，PLC 检查 CPU 模块内部硬件、I/O 模块配置、停电保持范围设定是否正常，监视定时器复位以及完成其他一些内部处理。

在通信服务阶段，PLC 要完成数据的接收和发送任务、响应编程器的输入命令、更新显示内容、更新时钟和特殊寄存器内容等工作。还将检测是否有中断请求，若有，则做相应的中断处理。

在自诊断阶段，检测程序语法是否有错、电源和内部硬件是否正常等，检测存储器、CPU 及 I/O 部件状态是否正常。当出现错误或者异常时，CPU 能根据错误类型和程度发出出错提示信号，并进行相应的出错处理，使 PLC 停止扫描或只能做内部处理、自诊断、通信处理。

PLC 采用循环扫描工作方式。为了连续地完成 PLC 所承担的扫描工作，系统必须重复执行，依一定的顺序完成循环扫描工作方式，每重复一次的时间称为一个扫描周期。由于 PLC 的扫描速度很快，输入扫描和输出刷新的周期时间通常为 3ms 左右，而程序执行时间根据程序的长度不同而不同。PLC 一个扫描周期通常为 10~100ms，对一般工业被控对象来说，扫描过程几乎是与输入同时完成的。PLC 的循环扫描工作过程如图 1-3 所示。

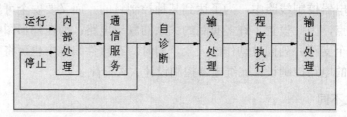

图 1-3　PLC 的循环扫描工作过程

1.3.2　工作过程

PLC 的工作过程一般可分为三个阶段：输入采样阶段、程序执行阶段和输出处理阶段。

(1) 输入采样阶段。PLC 以扫描工作方式，按顺序对所有输入端的输入状态采样，读入到寄存器中存储，这一过程称为采样。在本工作周期内，这个采样结果的内容不会改变，而且这个采样结果将在 PLC 执行程序时被使用。

(2) 程序执行阶段。PLC 是按顺序进行扫描的，即从上到下、从左到右地逐条扫描各指令，直至扫描到最后一条指令，并分别从输入映像寄存器和输出映像寄存器中获得所需的数据，进行逻辑运算和算术运算，把运算结果存入相应的输出映像寄存器中。但这个结果在全部程序未执行完毕之前，不会送到输出端口上。程序执行阶段的特点是依次顺序执行指令。

(3) 输出处理阶段。输出处理阶段也叫输出刷新。在执行完用户所有程序后，PLC 将输出映像寄存器中的内容送入到寄存输出状态的输出锁存器中，再送到外部去驱动接触器、电磁阀和指示灯等负载，这时，输出锁存器的内容要等到下一个扫描周期的输出阶段到来才会被刷新。

以上这三个阶段也是分时完成的。

值得注意的是，PLC 在一个扫描周期中，输入采样工作只在输入处理阶段进行，对全部输入端扫描一遍并记下它们的状态后，即进入程序处理阶段，这时，不管输入端的状态做何改变，输入状态表都不会变化，直到下一个循环的输入处理阶段，才根据当时扫描到的状态予以刷新。这种集中采样、集中输出的工作方式，使 PLC 在运行中的绝大部分时间实质上与外部设备是隔离的，这就从根本上提高了 PLC 的抗干扰能力，提高了可靠性。

1.4　PLC 的主要性能指标

在现代化的工业生产设备中，有大量的开关量、数字量及模拟量的控制装置，例如电动机的启停，电磁阀的开闭，产品的计数，温度、压力、流量的设定与控制等，PLC 已成为解决工业现场中这些自动控制问题最有效的工具之一。

PLC 的基本性能指标如下。

(1) 输入输出点数(I/O 点数)。指 PLC 外部输入输出端子数，这是 PLC 的一项非常重要的技术指标，常用 I/O 点数来表征 PLC 的规模大小。

(2) 扫描速度。一般指 PLC 执行一条指令的时间，单位为μs/步；有时也以执行一千条指令的时间来计算，单位为 ms/千步。

(3) 内存容量。一般指 PLC 存储用户程序的多少。

(4) 指令条数。指令条数(指令种类)的多少是衡量 PLC 软件功能强弱的主要指标。

(5) 内部寄存器。内部寄存器的配置情况是衡量 PLC 硬件功能的一个指标。

(6) 高功能模块。将高功能模块与主模块搭配，可实现一些特殊功能。常用的高功能模块有 A/D 模块、D/A 模块、高速计数模块、位置控制模块、通信模块、高级语言编辑模块等。

另外，在使用 PLC 时，还应考虑电源电压、抗噪声性能、直流输出电压、环境温度、湿度、质量和外形尺寸等性能指标。

本 章 小 结

PLC 作为一种工业标准设备，虽然生产厂家众多，产品种类层出不穷，但它们都具有相同的工作原理，使用方法也大同小异。

(1) PLC 是计算机技术与继电器控制技术相结合的产物。它专为在工业环境下应用而设计，可靠性高，应用广泛。PLC 功能的不断增强，使 PLC 的应用领域不断扩大和延伸，应用方式也更加丰富。PLC 从结构上可分为整体式和模式式；从容量上可分为小型、中型和大型 PLC。

(2) PLC 的组成部件有中央处理器(CPU)、存储器、输入/输出(I/O)接口和电源等。

(3) PLC 采用集中采样、集中输出、按顺序循环扫描用户程序的方式工作。当 PLC 处于正常运行状态时，它将不断重复扫描过程，其工作过程的中心内容分为输入采样、程序执行和输出刷新三个阶段。

(4) PLC 是为取代继电接触式控制系统而产生的，因而两者存在着一定的联系。PLC 与继电接触式控制系统具有相同的逻辑关系，但 PLC 使用的是计算机技术，其逻辑关系用程序来实现，而不是实际电路。

(5) 可用多种形式的编程语言来编写 PLC 的用户程序，梯形图和语句表是两种最常用的 PLC 编程语言。

习　题

(1) 简述可编程控制器的定义。

(2) PLC 有什么特点？

(3) PLC 与继电接触式控制系统相比，有哪些异同？

(4) 构成 PLC 的主要部件有哪些？各部分的主要作用是什么？

(5) 与一般的计算机控制系统相比，PLC 有哪些优点？

(6) PLC 在一个工作周期中能完成哪些工作？

(7) PLC 常用的编程语言有哪些？各有什么特点？

第 2 章　西门子 S7 系列 PLC 编程基础

本章要点

本章主要以西门子公司生产的 S7-200 系列小型 PLC 为例，介绍 PLC 系统的硬件及内部编程单元、编址方法和数据格式，介绍 S7 系列 PLC 的主要技术指标。

学习目标

- 了解 S7-200 系列 PLC。
- 掌握 S7-200 PLC 的硬件系统。
- 熟悉 S7-200 PLC 编程元件及编程知识。
- 重点掌握编程软元器件、编址方法和数据格式。
- 学会分析 PLC 的技术指标。

2.1　概　　述

德国西门子(Siemens)公司生产的可编程序控制器在我国是相当常见的，机械、冶金、化工等领域及各种生产线中都有使用。

2.1.1　西门子 S7 家族

西门子公司的 PLC 产品包括 LOGO、S7-200、S7-1200、S7-300、S7-400 等。西门子 S7 系列 PLC 体积小、速度快、标准化，具有网络通信能力，功能强，可靠性高。S7 系列 PLC 产品可分为微型 PLC(如 S7-200)，小规模低性能要求的 PLC(如 S7-300)和中、高性能要求的 PLC(如 S7-400)等。

如图 2-1 所示，SIMATIC S7 系列 PLC 是德国西门子公司从 1995 年开始陆续推出的性价比很高的 PLC 系统。

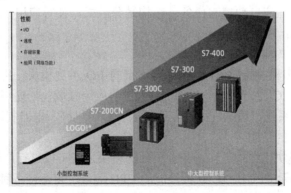

图 2-1　SIMATIC - S7 家族

SIMATIC 系列 PLC 主要有 S7-400 系列、S7-300 系列、S7-200 系列三种，分别为 S7 系列的大、中、小型 PLC 系统。S7-200 小型 PLC 应用广泛，结构简单，使用方便，尤其适合初学者学习和掌握。本章详细介绍 S7-200 系列 PLC 的软硬件系统、扩展功能模块、I/O 编程方式、PLC 内部元器件和寻址方式等。

1. S7-200 系列

SIMATIC S7-200 系列 PLC 是德国西门子(Siemens)公司生产的具有高性价比的小型紧凑型可编程序控制器，它结构小巧，运行速度高，可以单机运行，也可以输入/输出扩展，还可以连接功能扩展模块和人机界面，可以很容易地组成 PLC 网络。同时，它还具有功能齐全的编程和工业控制配置软件，使得在采用 S7-22X 系列 PLC 来完成控制系统的设计时，过程更加简单，系统的集成非常方便，几乎可以完成任何功能的控制任务。因此，它在各行各业中的应用得到迅速推广，在规模不太大的控制领域中是较为理想的控制设备。

S7-200 的产品定位是 S7 系列 PLC 家族的低端产品，但比智能继电器 LOGO 的定位要高。S7-200 一般用于 200 点开关量以内，35 点模拟量以内，程序量在 16KB 以内的应用场合。S7-200 外形小巧、功能强、性价比极高，很适合中国的机器制造业情况和需求。

西门子 S7-200 系列 PLC 的基本单元主要有 CPU221、CPU222、CPU224 和 CPU226 四种。其外部结构大体相同，如图 2-2 所示。

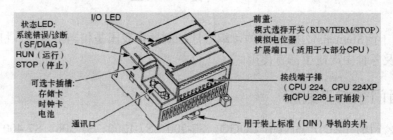

图 2-2　S7-200 系列 PLC 的外部结构

2. S7-300 系列 PLC 简介

1) S7-300 PLC 的主要特点

S7-300 是模块化中小型 PLC 系统，能满足中等性能要求的应用；有大范围的各种功能模块，可以满足和适应自动控制任务；结构是分散式，使得应用十分灵活；当控制接点增加时，可自由扩展；功能强大。

2) S7-300 PLC 的应用

S7-300 PLC 有多种性能的 CPU 和功能丰富的 I/O 扩展模块，用户可以根据实际应用选择合适的模块对 PLC 进行扩展。S7-300 PLC 的应用领域包括通用机械工程应用、楼宇自动化、机床、控制系统、纺织机械、专用机床、包装机械、电器制造业和相关产业。

3) S7-300 PLC 的结构

S7-300 PLC 是模块化结构设计，各种单独的模块之间可以进行广泛的组合及扩展。

(1) 中央处理单元(CPU)：有 20 种性能的 CPU 等级，可适应各种需要。

紧凑型 CPU：CPU312C、CPU313C、CPU313C-2PTP、CPU313C-2DP、CPU314C-2PTP、CPU314C-2DP。

重新定义的标准 CPU：CPU312、CPU314、CPU315-2DP。

标准 CPU：CPU313、CPU314、CPU315、CPU315-2DP、CPU316-2DP。

户外型 CPU：CPU312IFM、CPU314、CPU3141FM、CPU315-2DP。

其他 CPU：CPU315F-2DP、CPU318-2DP。

(2) 信号模块(SM)：用于数字量和模拟量 I/O。

(3) 通信处理器(CP)：用于连接网络和实现点对点之间的连接。

(4) 功能模块(FM)：用于高速计数、定位操作(开环或闭环控制)和闭环控制。

(5) 根据用户要求，还可以提供以下设备。

电源模块(PS)：用于将 S7-300 连接到 120/230V AC 电源。

接口模块(IM)：用于多机架配置时连接主机架(CR)和扩展机架(ER)。S7-300 通过分布式的主机架(CR)和 3 个扩展机架(ER)，可以操作多达 32 个模块，运行时无需风扇。

CM7 自动化计算机：AT 兼容的计算机，用于解决对时间要求非常高的技术问题。既可作为 CPU 使用，也可以作为功能模块使用。

4) S7-300 PLC 的主要功能

S7-300 PLC 的高电磁兼容性和强抗振动、冲击性，使其具有最高的工业环境适应性。S7-300 有两种类型。

标准型：温度范围是 0~60℃。

环境条件扩展型：温度范围从-25℃到+60℃，拥有更强的耐振动和耐污染特性。

S7-300 PLC 具有如下主要功能。

(1) 高速的指令处理功能：指令处理时间在 0.1~0.6ms。

(2) 浮点数运算功能：可以有效地实现更为复杂的算术运算。

(3) 方便用户的参数赋值功能：提供一个带标准用户接口的软件工具，可给所有模块进行参数赋值。

(4) 人机界面(HMI)功能：有方便的人机界面服务功能，S7-300 按用户指定的刷新速度传送这些数据。S7-300 操作系统能自动地处理数据的传送。

(5) 自诊断功能：CPU 的智能化诊断系统可以连续监控系统的功能是否正常、有无记录错误和特殊系统事件等。

(6) 口令保护功能：多级口令保护可以使用户高度有效地保护其技术机密，防止未经允许的复制及修改。

(7) 操作方式选择开关：操作方式选择开关像钥匙一样可以拔出。当钥匙拔出时，就不能改变操作方式。这样就防止了非法删除或改写用户程序包。

5) S7-300 PLC 的通信功能

S7-300 有多种不同的通信接口。

(1) 有多种用来连接工业以太网总线系统等的通信处理器。

(2) 有用来连接点到点的通信系统的通信处理器。

(3) 多点接口(MPI)集成在 CPU 中，用于同时连接编程器、PC、人机界面系统和其他自动化控制系统等。

CPU 还支持下列通信类型。

① 过程通信：通过总线对 I/O 模块周期寻址(过程映像交换)。

② 数据通信：在自动控制系统之间，人机界面和几个自动控制系统之间，数据通信会周期地进行，被用户程序、功能块调用。

3. S7-400 系列 PLC 简介

S7-400 PLC 是模块化的大型 PLC 系统，能满足中、高档性能要求的应用。

S7-400 系列比 300 系列的规模和性能都更强大，启动类型有冷启动(CRST)和热启动(WRST)之分，它还有一个外部的电池电源接口，当在线更换电池时，可以向 RAM 提供后备电源。S7-400 系列在其他方面与 300 系列基本一样，下面进行简要介绍。

1) S7-400 PLC 的结构

S7-400 PLC 采用模块化设计，性能范围宽的不同模板可灵活组合，扩展十分方便。一个系统可包括以下几项。

(1) 电源模板(PS)：可将 S7-400 连接到 120/230V AC 或 24V DC 电源上。

(2) 中央处理单元(CPU)：有多种 CPU 可供用户选择，有些带有内置的 PROFIBUS-DP 接口，用于各种性能，可包括多个 CPU 以及数字量输入输出(DI/DO)和模拟量输入输出(AI/AO)的信号模板(SM)。

(3) 通信处理器(CP)：用于总线连接和点到点连接。

(4) 功能模板(FM)：专门用于计数、定位、凸轮控制任务。

(5) S7-400 还提供以下部件，以满足用户的需要。

接 EI 模板(IM)：用于连接中央控制单元和扩展单元。S7-400 中央控制器最多能连接 21 个扩展单元。

M7 自动化计算机：M7 是 AT 兼容的计算机，可用于解决高速计算的技术问题。它既可用作 CPU，也可用作功能模板。

2) S7-400 PLC 的应用

S7-400 PLC 的应用主要包括以下领域：汽车制造、专用机床、工具机床、过程控制、通用机械、仪表控制装置、纺织机械、立体仓库、包装机械、控制设备。

S7-400 PLC 拥有多种级别的 CPU，种类齐全的通用功能模板，用户可根据需要，组合成不同功能的专用系统。当控制系统规模大或变得更加复杂时，不必投入很多费用，只须适当增加一些模板，就能使系统升级，可充分满足需求。

2.1.2 S7-200 系列 CPU 单元的外部结构

S7-200 系列 CPU 单元的外部结构在图 2-2 中已有介绍。

PLC 主机单元上有模式选择开关、模拟电位器、I/O 扩展接口、工作状态指示和用户程序存储卡、I/O 接线端子排及发光指示等。

(1) 状态指示灯(LED)：显示 CPU 所处的状态(系统错误/诊断、运行、停止)。

(2) 可选卡插槽：可以插入存储卡、时钟卡和电池。

(3) 通信口：RS-485 总线接口，可通过它与其他设备连接通信。

(4) 前盖：前盖下面有模式选择开关(运行/终端/停止)、模拟电位器和扩展端口。模式选择开关拨到运行(RUN)位置，则程序处于运行状态；拨到终端(TERM)位置，可以通过编程软件控制 PLC 的工作状态；拨到停止(STOP)位置，则程序停止运行，处于写入程序状态。模拟电位器可以设置 0~255 的值。扩展端口用于连接扩展模块,实现 I/O 的扩展。

(5) 顶部端子盖下面为输出端子和 PLC 供电电源端子。输出端子的运行状态可以由顶部端子盖下方的一排指示灯显示,ON 状态对应指示灯亮。底部端子盖下边为输入端子和传感器电源端子。输入端子的运行状态可以由底部端子盖上方的一排指示灯显示,ON 状态对应指示灯亮。

2.1.3　S7-200 的主要技术指标

PLC 主机的技术性能指标反映出其技术先进程度和性能,是用户设计应用系统时选择 PLC 主机和相关设备的主要参考依据。S7-200 系列各主机的主要技术指标见表 2-1。

表 2-1　S7-200 系列的主要技术指标

技术指标	CPU221	CPU222	CPU224	CPU226
外形尺寸(mm)	90×80×62	90×80×62	120.5×80×62	190×80×62
程序存储器:				
可在运行模式下编辑	4096 字节	4096 字节	8192 字节	16384 字节
不可在运行模式下编辑	4096 字节	4096 字节	12288 字节	24576 字节
数据存储区	2048 字节	2048 字节	8192 字节	10240 字节
掉电保持时间	50 小时	50 小时	100 小时	100 小时
本机 I/O: 数字量	6 入/4 出	8 入/6 出	14 入/10 出	24 入/16 出
扩展模块	0 个模块	2 个模块	7 个模块	7 个模块
高速计数器:				
单相	4 路 30kHz	4 路 30kHz	6 路 30kHz	6 路 30kHz
双相	2 路 20kHz	2 路 20kHz	4 路 20kHz	4 路 20kHz
脉冲输出(DC)	2 路 20kHz	2 路 20kHz	2 路 20kHz	2 路 20kHz
模拟电位器	1	1	2	2
实时时钟	配时钟卡	配时钟卡	内置	内置
通信口	1 个 RS-485	1 个 RS-485	1 个 RS-485	2 个 RS-485
浮点数运算	有			
I/O 映像区	256(128 入/128 出)			
布尔指令执行速度	0.22μs/指令			

2.1.4　PLC 的外部端子

外部端子是 PLC 输入、输出及外部电源的连接点。S7-200 系列 PLC(以 CPU224 为例)的外部端子如图 2-3 所示。每种型号的 CPU 都有 DC/DC/DC 和 AC/DC/RLY 两类,用斜线分隔,分别表示 CPU 电源的类型、输入端口的电源类型及输出端口器件的类型。其中,在输出端口的类型中,DC 为晶体管,RLY 为继电器。

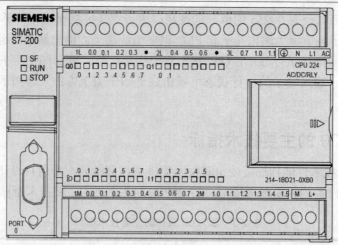

图 2-3　CPU224 型 PLC 的外部端子

1. 底部端子(输入端子及传感器电源)

L+：内部 24V DC 电源正极，为外部传感器或输入继电器供电。

M：内部 24V DC 电源负极，接外部传感器负极或输入继电器公共端。

1M、2M：输入继电器的公共端口。

I0.0~I1.5：输入继电器端子，输入信号的接入端。

输入继电器用 I 表示，S7-200 系列 PLC 共 128 位，采用八进制(I0.0~I0.7，I1.0~I1.7，I2.0~I2.7，……，I15.0~I15.7)。

2. 顶部端子(输出端子及供电电源)

交流电源供电(AC)：L1、N、⏚分别表示电源相线、中线和接地线。交流电压为85~265V。

直流电源供电(DC)：L+、M、⏚分别表示电源正极、电源负极和接地。直流电压为24V。

1L、2L、3L：输出继电器的公共端口。接输出端所使用的电源。输出各组之间是互相独立的，这样，负载可以使用多个电压系列(如 AC 220V、DC 24V 等)。

Q0.0~Q1.1：输出继电器端子，负载接在该端子与输出端电源之间。

输出继电器用 Q 表示，S7-200 系列 PLC 共 128 位，采用八进制(Q0.0~Q0.7，Q1.0~Q1.7，……，Q15.0~Q15.7)。带点的端子上不要外接导线，以免损坏 PLC。

3. 端子连接

图 2-4 是 S7-200 系列 PLC CPU224 端子连接标记，24V DC 极性可任意选择，1M、2M 为输入端子的公共端，2L、3L 为输出公共端。

1)　输入端的接线

S7-200 系列 PLC 的输入端接入直流电源。PNP 型的接近开关按照图 2-5(a)所示接线，NPN 型的接近开关按照图 2-5(b)所示接线。

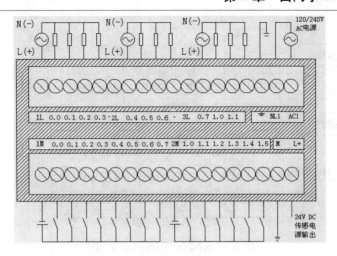

图 2-4　CPU224 连接端子的标记

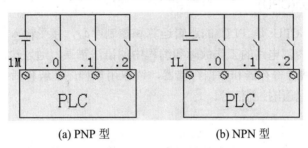

(a) PNP 型　　　　　　　(b) NPN 型

图 2-5　输入端的接线

2)　输出端的接线

S7-200 系列 PLC 的输出端有两种类型：24V 直流(晶体管)输出和继电器输出。

晶体管输出形式只能按照图 2-6(a)所示接线，且只能接 24V 直流电，推荐外接电源。若 PLC 需要高速输出时，要用晶体管输出。

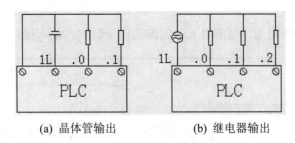

(a) 晶体管输出　　　　　　(b) 继电器输出

图 2-6　输出端的接线

2.1.5　可编程控制器的硬件组成

PLC 的硬件主要由中央处理器(CPU)、存储器、输入单元、输出单元、通信接口、扩展接口、电源等几部分组成，如图 2-7 所示。

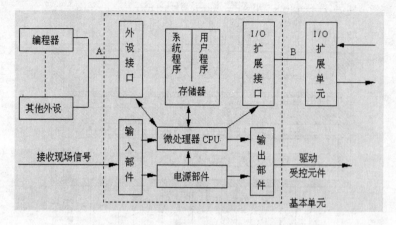

图 2-7　S7-200 系列 PLC 的组成

1. 中央处理单元(CPU)

与计算机一样，CPU 是 PLC 的逻辑运算和控制中心，接受输入的用户程序和数据，诊断电源以及 PLC 内部电路的工作故障和编程中的语法错误，通过输入接口接受现场的状态和数据，并存入映像寄存器和数据存储器，读取用户程序，解释后并执行，根据执行的结果，更新标志位，输出控制信号。

2. 存储器

在 PLC 中，存储器主要用来存放系统程序、用户程序以及工作数据。常用的存储器主要有两种：一种是可读/写操作的随机存储器(RAM)，另一种是只读存储器(ROM、PROM、EPROM 和 EEPROM)。

PLC 在 ROM 存储器中固化了系统程序，不可以修改；而 RAM 存储器中则存放用户程序和工作数据，在 PLC 断电时，由锂电池供电(或采用 Flash 存储器，不需要锂电池)。

3. 输入/输出单元

输入接口用来完成输入信号的引入、滤波及电平转换。输入接口电路如图 2-8 所示。

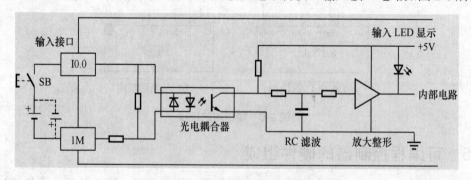

图 2-8　PLC 的输入接口电路

输入接口电路的主要器件是光电耦合器。光电耦合器可以提高 PLC 的抗干扰能力和安全性能，进行高低电平(24V/5V)转换。输入接口电路的工作原理如下：当输入端按钮 SB

未闭合时，光电耦合器中的发光二极管不导通，光敏三极管截止，放大器输出高电平信号到内部数据处理电路，输入端口 LED 指示灯灭；当输入按钮 SB 闭合时，光电耦合器中的发光二极管导通，光敏三极管导通，放大器输出低电平信号到内部数据处理电路，输入端口 LED 指示灯亮。对于 S7-200 直流输入系列的 PLC，输入端直流电源额定电压为 24V，既可按源型接线，也可按漏型接线。S7-200 也有交流输出系列的 PLC。

输入/输出单元通常也称 I/O 单元或 I/O 模块，是 PLC 与工业生产现场之间连接的部件。PLC 通过输入单元，可以检测被控对象的各种数据，将这些数据作为 PLC 对控制对象进行控制的依据，同时，PLC 也可通过输出单元将处理结果送给被控制对象，以实现控制的目的。

4．通信接口

为了实现人机交互，PLC 配有各种通信接口。PLC 通过这些通信接口，可与监视器、打印机，以及其他的 PLC 或计算机等设备实现通信。通信接口是 PLC 与外界交换信息和写入程序的通道，S7-200 系列 PLC 的通信接口类型是 RS-485。

5．智能接口模块

智能接口模块是一独立的计算机系统，它有自己的 CPU、系统程序、存储器以及与 PLC 系统总线相连的接口。它作为 PLC 系统的一个模块，通过总线与 PLC 相连，进行数据交换，并在 PLC 的协调管理下独立地进行工作。

6．编程装置

编程装置的作用是供用户编辑、调试、输入用户程序，也可在线监控 PLC 内部的状态和参数，与 PLC 进行人机对话。

7．电源

PLC 配有开关电源，将外部电源转换为 PLC 内部器件使用的各种电压(通常是 5V、24V DC)，以供内部电路使用。与普通电源相比，PLC 电源的稳定性好、抗干扰能力强，对电网稳定度要求不高。备用电源采用锂电池。

8．其他外部设备

除了以上所述的部件和设备外，PLC 还有许多其他外部设备，如 EPROM 写入器、外存储器、人机接口装置等。EPROM 写入器是用来将用户程序固化到 EPROM 存储器中的一种 PLC 外部设备。外存储器主要用来存储用户程序，它一般通过编程器或其他智能模块接口与内存储器之间进行数据传送。人机接口装置是用来实现人机对话的。

2.2 S7-200 系列 PLC 的内部元器件

PLC 是以微处理器为核心的专用计算机，用户的程序和 PLC 的指令是相对于元器件而言的，PLC 元器件是 PLC 内部的具有一定功能的器件，这些器件实际上由电子电路和寄存器及存储器单元等组成，习惯上，我们也把它们称为继电器，为了把这种继电器与传统电气控制电路中的继电器区别开来，有时也称为软继电器或软元件。本节从数据存储类型、元器件的编址方式、存储空间、功能等角度叙述各种元器件的使用方法。

2.2.1　数据存储类型

S7-200 CPU 内部元器件的功能相互独立，在数据存储器中都有一个地址，可依据存储器地址来存储数据。

1. 数据长度

计算机中使用的都是二进制数，在 PLC 中，通常使用位、字节、字、双字来表示数据，它们占用的连续位数称为数据长度。

二进制的 1 位(bit)只有"0"和"1"两种不同的取值。在 PLC 中，一个位可对应一个继电器或开关，继电器的线圈得电或开关闭合，相应的状态位为"1"；若继电器的线圈失电或开关断开，其对应位为"0"。

8 位二进制数组成一个字节(Byte)，其中的第 0 位为最低位(LSB)，第 7 位为最高位(MSB)。两个字节组成一个字(Word)，在 PLC 中又称为通道，即一个通道由 16 位继电器组成。两个字组成一个双字(Double Word)。一般用二进制补码表示有符号数，其最高位为符号位，最高位为 0 时是正数，最高位为 1 时是负数。

2. 数据类型及范围

S7-200 系列 PLC 的数据类型主要有布尔型(BOOL)、整数型(INT)和实数型(REAL)。布尔逻辑型数据是由"0"和"1"构成的字节型无符号的整数；整数型数据包括 16 位单字和 32 位有符号整数；实数型数据又称浮点型数据，它采用 32 位单精度数来表示。数据类型、长度及范围见表 2-2。

表 2-2　数据类型、长度及范围

基本数据类型	无符号整数		有符号整数	
	十进制	十六进制	十进制	十六进制
字节 B(8)	0~255	0~FF	−128~ +127	80~7F
字 W(16)	0~65535	0~FFFF	−32767~32768	8000~7FFF
双字 D(32)	0~4294967295	0~FFFFFFFF	−2147483648 ~2417483647	80000000 ~7FFFFFFF
BOOL(1)	0~1			
实数(32)	-10^{38}~10^{38}(IEEE32 浮点数)			

3. 常数

西门子 S7-200 系列 PLC 的常数根据长度可分为字节、字和双字。在机器内部的数据都以二进制存储，但常数的书写可以用二进制、十进制、十六进制、ASCII 码或实数等多种形式。几种常数形式分别见表 2-3。

表 2-3　几种常数的表示方法

进　制	书写格式	举　例
十进制	十进制数值	01234
十六进制	16#十六进制值	16#7BD
二进制	2#二进制值	2#0101 1011 0011 1011
ASCII 码	'ASCII 码文本'	'school'
浮点数	ANSI/IEEE 754-1985 标准	+1.175495E−38 ～ +3.402823E+38
		−1.175495E−38 ～ −3.402823E+38

2.2.2　数据的编址方式

数据存储器的编址方式主要是对位、字节、字、双字进行编址。

1. 位编址

位编址的方式为：(区域标志符)字节地址.位地址，如 I2.1、Q0.4、V3.2、I2.1，其中的区域标识符"I"表示输入，字节地址是 2，位地址为 1。

2. 字节编址

字节编址的方式为：(区域标志符)B 字节编址，如 IB2 表示输入映像寄存器由 I2.0~I2.7 这 8 位组成。

3. 字编址

字编址的方式为：(区域标志符)W 起始字节地址，最高有效字节为起始字节，如 VW101 包括 VB101 和 VB102，即表示由 VB101 和 VB102 这两个字节组成的字。

4. 双字编址

双字编址的方式为：(区域标志符)D 起始字节地址，最高有效字节为起始字节，如 VD100 表示由 VB100~VB103 这 4 个字节组成的双字。

2.2.3　PLC 内部元器件及编址

在 S7-200 PLC 的内部，元器件包括输入映像寄存器(I)、输出映像寄存器(Q)、变量存储器(V)、位存储器(M)、顺序控制继电器(S)、特殊存储器(SM)、局部存储器(L)、定时器(T)、计数器(C)、模拟量输入映像寄存器(AI)、模拟量输出映像寄存器(AQ)、累加器(AC)、高速计数器(HC)。

1. 输入继电器(I)

输入继电器与 PLC 的输入端子相连，是专设的输入过程映像寄存器，用来接收外部传感器或开关元件发来的信号。

输入继电器一般采用八进制编号，一个端子占用一个点。图 2-9 所示为输入继电器的等效电路图, 当外部按钮驱动时, 其线圈接通, 常开、常闭触点的状态发生相应变化。输入继电器不能由程序驱动, 其触点不能直接输出带负载。

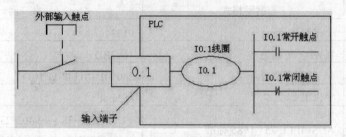

图 2-9 输入继电器的等效电路

2. 输出继电器(Q)

输出继电器是 PLC 向外部负载发出控制命令的窗口, 是专设的输出过程映像寄存器。输出继电器的外部输出触点接到输出端子上, 以控制外部负载。输出继电器的外部输出执行器件有继电器、晶体管和晶闸管 3 种。图 2-10 表示输出继电器的等效电路, 当程序驱动输出继电器接通对, 它所连接的外部电器被接通, 同时, 输出继电器的常开、常闭触点动作, 可在程序中使用。

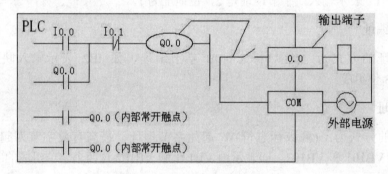

图 2-10 输出继电器的等效电路

3. 位存储器(M)

位存储器也称辅助继电器或通用继电器, 它如同继电控制接触系统中的中间继电器, 用来存储中间操作数或其他控制信息。在 PLC 中没有输入输出端与之对应, 因此辅助继电器的线圈不直接受输入信号的控制, 其触点不能驱动外部负载。

位存储器可按位、字节、字、双字来存取数据。如 M12.4、MB1、MW10、MD30。S7-200 的 PLC 位存储器的寻址区域为 M0.0~M31.7。

4. 特殊存储器(SM)

SM 存储器为 CPU 与用户程序之间传递信息提供了一种变通。用户可以用这些特殊的标志位提供的信息, 来控制 S7-200 CPU 的一些特殊功能。用户可以按位、字节、字或双字的形式来存取。

用户可以通过特殊标志来沟通 PLC 与被控对象之间的信息, 如可以读取程序运行过程中的设备状态和运算结果信息, 利用这些信息, 通过程序实现一定的控制动作, 用户也可通过直接设置某些特殊标志继电器位，来使设备实现某种功能。例如 SM0.1 仅在第一个扫描周期为 "1" 状态，常用来对程序进行初始化，属于只读型。

SM0.4：提供 1min 的时钟脉冲，属于只读型。

SM36.5：HSCO 当前计数方向控制，置位时，递增计数，属于可写型。

5. 变量存储器(V)

变量存储器用来存储全局变量、存放程序执行过程中控制逻辑的中间结果、保存与工序或任务相关的其他数据。

6. 局部存储器(L)

局部存储器用来存放局部变量，类似变量存储器，但变量存储器是对全局有效，而局部存储器是局部有效。全局是指同一个存储器可以被任何程序存取；而局部是指存储器与特定的程序相关联。

局部变量存储器可按位、字节、字、双字使用。PLC 运行时，根据需要动态地分配局部存储器：在执行主程序时，分配给子程序或中断程序的局部变量存储区是不存在的，当子程序调用或出现中断时，需要为之分配局部存储器，新的局部存储器可以是曾经分配给其他程序块的同一个局部存储器。不同程序的局部存储器不能互相访问。

7. 顺序控制继电器(S)

顺序控制继电器又称状态元件，用于机器的顺序控制或步进控制。它可按位、字节、字或双字来存取 S 位，有效编址范围为 S0.0~S31.7。

8. 定时器(T)

PLC 中的定时器作用相当于时间继电器，定时器的设定值由程序赋值。每个定时器有一个 16 位的当前值寄存器及一个状态位，称为 T.bit。定时器的计时过程采用时间脉冲计数的方式。

S7-200 PLC 定时器的精度有 3 种：1ms、10ms 和 100ms，有效范围为 T0~T255。

9. 计数器(C)

计数器用来累计输入脉冲的次数，其结构与定时器类似，使用时要提前输入它的设定值，通常设定值在程序中赋予，有时也可根据需求在外部进行设定。S7-200 PLC 提供 3 种类型的计数器：加计数器、减计数器、加减计数器，有效范围为 C0~C255。

10. 高速计数器(HC)

高速计数器的工作原理与普通计数器基本相同，它用来累计比 CPU 扫描速度更快的事件。高速计数器的当前值为双字长(32 位)的有符号整数，且为只读值。高速计数器的地址由符号 HC 和编号组成，如 HC0、HC1、...、HC5。

11. 模拟量输入/输出(AIW/AQW)

模拟量经 A/D、D/A 转换，在 PLC 外为模拟量，在 PLC 内为数字量。模拟量输入/输出元件为模拟量输入/输出的专用存储单元。

12. 累加器(AC)

累加器是用来暂存数据、计算的中间数据和结果数据、向子程序传递的参数、从子程序返回的参数等的寄存器,它可以像存储器一样使用读/写存储区。S7-200 PLC 提供 4 个 32 位累加器(AC0~AC3),使用时可按字节、字、双字的形式存取累加器中的数据。以字节或字为单位存取时,累加器只使用了低 8 位或低 16 位,被操作数据的长度取决于访问累加器时所使用的指令。

2.3 S7-200 CPU 存储器区域的寻址方式

对数据存储区进行读写访问的方式即为寻址方式。S7-200 的寻址方式有立即数寻址、直接寻址和间接寻址三大类。立即数寻址的数据在指令中以常数形式出现;直接寻址是指在指令中直接给出存储器或寄存器的名称和地址编号,直接存取数据;间接寻址是指使用地址指针间接给出要访问的存储器或寄存器的地址。下面介绍直接寻址和间接寻址方式。

2.3.1 CPU 存储区域的直接寻址方式

1. 位寻址方式

位寻址是指明存储器或寄存器的元件名称、字节地址和位号的一种直接寻址方式。
格式:标识符 字节地址.位地址
图 2-11 所示是输入继电器的位寻址方式举例。

图 2-11 CPU 存储器中位数据的表示方法和位寻址方式

可以进行位寻址的编程元件有 I、Q、M、SM、L、V、S。

2. 字节、字和双字的寻址方式

对数据存储区以 1 个字或 2 个字节或 4 个字节为单位进行一次读写访问。
格式:标识符 数据长度类型 字节起始地址
其中,数据长度类型包括字节、字和双字,分别用 B(Byte)、W(Word)和 D(Double Word)表示。图 2-12 所示为 VB100、VW100、VD100 三种寻址方式所对应访问的存储器空间。

按字节寻址的元器件有:I、Q、M、SM、S、V、L、AC、常数。

按字寻址的元器件有:I、Q、M、SM、S、V、L、AC、常数、T、C。

按双字寻址的元器件有:I、Q、M、SM、S、V、L、AC、常数、HC。

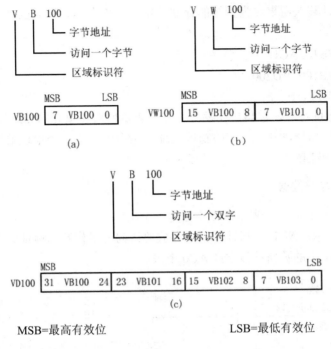

图 2-12　字节、字、双字的寻址方式

3. 特殊元器件的寻址方式

存储区内另有一些元件是有一定功能的器件，由于元件数量很少，所以不用指出它们的字节，而是直接写出其编号。这类元件包括定时器(T)、计数器(C)、高速计数器(HC)和累加器(AC)。其中，T、C 和 HC 的地址编号中各包含两个相关变量信息，如 T2，既表示 T2 定时器的位状态，又表示此定时器的当前值。

累加器(AC)用来暂存数据，如运算数据、中间数据和结果数据，数据长度可以是字节、字和双字。使用时只表示出累加器的地址编号，如 AC0，数据长度取决于进出 AC0 的数据的类型。

2.3.2　CPU 存储区域的间接寻址方式

数据存放在存储器或寄存器中，在指令中只出现所需数据所在单元的内存地址，需通过地址指针(存储单元地址的地址)来存取数据，这种寻址方式称为间接寻址。

S7-200 CPU 允许指针访问以下存储区：I、Q、V、M、S、T、C。其中，T 和 C 仅仅是当前值，可以进行间接寻址。不能用间接寻址的方式访问位地址，也不能访问 AI、AQ、HC、SM，或者 L 存储区。

间接寻址方式存取数据的过程如下。

1. 建立指针

使用间接寻址对某个存储器单元进行读、写时，首先建立地址指针。指针为双字长，是所要访问的存储器单元的 32 位的物理地址。可作为指针的存储区有变量存储器(V)、局部变量存储器(L)和累加器(AC1、AC2、AC3)。必须用双字传送指令(MOVD)，将存储器所要访问单元的地址装入用来作为指针的存储器单元或寄存器，装入的是地址而不是数据本身，格式如下：

MOVD &VB10, AC1

MOVD &VB100, VD200

MOVD &C3, LD16

其中，&为地址符号，它与单元编号结合，表示所对应单元的 32 位物理地址；VB10 只是一个直接地址编号，并不是它的物理地址。指令中的第二个地址数据长度必须是双字长，如 AC、VD 和 LD 等。

2. 用指针来存取数据

在操作数的前面加"*"表示该操作数为一个指针。

如图 2-13 所示，AC1 为指针，用来存放要访问的操作数的地址。在这个例子中，存于 VB200、VB201 中的数据被传送到 AC0 中去。

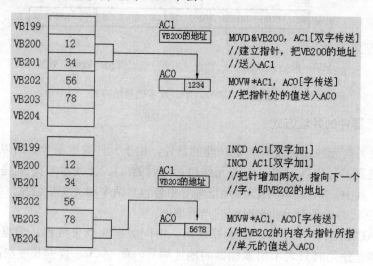

图 2-13 建立指针、存取数据及修改指针

3. 修改指针

处理连续存储的数据时，通过修改指针，很容易存取紧挨着的数据。简单的数学运算指令，如加法、减法、自增和自减等指令可以用来修改指针。在修改指针时，要记住访问数据的长度：在存取字节时，指针加 1；在存取字时，指针加 2；在存取双字时，指针加 4。图 2-13 说明了如何建立指针、如何存取数据及修改指针。

本 章 小 结

不同 PLC 厂家的产品各具特色，通过深入学习，熟练掌握一种型号的 PLC 的使用，可使我们对其他产品的学习变得容易和轻松。

本章以 S7-200 系列 PLC 为对象，详细介绍了其结构、软元件及寻址方式。

(1) S7-200 系列 PLC 有 4 种 CPU 型号，它们都是整体机，有的可以加载扩展模块和特殊模块。

本系列 PLC 在许多方面，如输入、输出、存储系统、高速输出、实时时钟、网络通信等方面具有自己的独特功能。

(2)　通过输入和输出扩展，可增加实际应用的 I、O 点数，但输入、输出扩展或加载其他特殊功能模块时，必须遵循一定的原则。

通过 PLC 组态(configure)可以配置主机及相连的模块，使其在一定的方式下工作。

(3)　应学会分析和参考 PLC 的技术性能指标表。这是衡量各种不同型号 PLC 产品性能的依据，也是根据实际需求选择和使用 PLC 的依据。

(4)　PLC 编程时用到的数据及数据类型可以是布尔型、整型和实型；指令中的常数可用二进制、十进制、十六进制、ASCII 码或浮点数据来表示。

(5)　S7-200 系列 PLC 有直接寻址和间接寻址两种寻址方式。PLC 内部的编程元件有多种，每种元件都可进行直接寻址。对于部分元件，当处理多个连续单元中的多个数据时，间接寻址非常方便。

习　　题

(1)　一个控制系统如果需要 12 点数字量输入，30 点数字量输出，10 点模拟量输入和 2 点模拟量输出，回答以下问题。

①　可以选用哪种主机型号？

②　如何选择扩展模块？

③　各模块如何连接到主机？画出连接图。

④　根据所画出的连接图，其主机和各模块的地址如何分配？

(2)　S7-200 系列 PLC 主机中有哪些主要编程元件？各编程元件如何直接寻址？

(3)　什么是间接寻址？如何使用？

(4)　采用间接寻址方式设计一段程序，将 10 个字节的数据存储在从 VB100 开始的存储单元中，这些数据为 12，35，65，78，56，76，88，60，90 和 47。

第 3 章　S7-200 系列 PLC 的指令及应用

本章要点

本章以 S7-200 CPU22x 系列 PLC 的 SIMATIC 指令系统为例，主要讲述基本指令的定义、梯形图和语句表的编程方法，介绍常见的基本逻辑指令、数据处理和运算等功能指令，介绍梯形图编程的基本规则。

学习目标

- 掌握基本逻辑指令、程序控制类指令等。
- 熟练应用所学的基本指令进行简单的编程。
- 熟练掌握梯形图和指令表两种编程语言之间的转换。
- 通过定时器/计数器简单电路编程的学习，建立独立的编程思想，培养分析与解决实际问题的能力。

S7-200 系列 PLC 的指令十分丰富，一般分基本指令和功能指令。西门子指令有梯形图 LAD(Ladder Diagram)、语句表 STL(Statement List)、功能块图(Function Block Diagram) 三种编程语言。梯形图 LAD 和语句表 STL 是 PLC 最基本的程序设计语言。梯形图是在继电器逻辑控制系统的基础上发展起来的，其符号和规则充分体现了电气技术人员的思维和习惯，简洁直观。语句表是最基础的编程语言。本章以 S7-200 系列的 PLC 指令系统为例，主要讲述基本逻辑指令的梯形图和语句表的基本编程方法。

3.1　基本逻辑指令

S7-200 系列 PLC 共有 27 条基本指令，包括基本逻辑指令，算术、逻辑运算指令，数据处理指令，程序控制指令等。逻辑指令是指构成逻辑运算功能指令的集合，包括位操作指令，S/R 指令、立即指令、边沿脉冲指令、逻辑堆栈指令、定时器、计数器、比较指令、取非和空操作指令。

常用指令如表 3-1 所示。

表 3-1　常用指令

指令类型	指　令	操　作　数	说　明
装载位操作	LD	I、Q、M、SM、T、C、V	装载常开触点
	LDN		装载常闭触点
	A		串联常开触点
	AN		串联常闭触点
	O		并联常开触点
	ON		并联常闭触点

指令类型	指 令	操 作 数	说 明
串/并联操作	ALD		块"与"装载
	OLD		块"或"装载
赋值、置位/复位操作	=	I、Q、M、SM、T、C、V	赋值指令
	S		置位(1 位或多位)
	R		复位(1 位或多位)
边沿识别	EU		上升沿微分输出
	ED		下降沿微分输出
栈操作指令	LPS		逻辑存入
	LRD		逻辑读出
	LPP		逻辑弹出
取反、空操作指令	NOT		逻辑"反"
	NOP		空操作指令

3.1.1　位逻辑指令

1. 取指令、取反指令和线圈驱动指令

(1) LD(Load)：取指令。用于第一个常开触点与左母线的连接。即以常开触点开始一逻辑运算的指令，在分支处也可使用。

(2) LDN(Load Not)：取反指令。用于第一个常闭触点与左母线的连接。即以常闭触点开始一逻辑运算的指令，在分支处也可使用。

含有直接位地址的指令又称位操作指令，指令的输入端都必须使用 LD 和 LDN。

(3) =(Out)：线圈驱动指令。用于以逻辑运算的结果驱动一个指定的线圈，也叫输出指令。它将运算结果输出到指定的继电器，以驱动线圈。

指令格式：LD、LDN、=(out)的 LAD 及 STL 指令格式如图 3-1 所示。

(a) 取指令　　(b) 取反指令　　(c) 输出指令

图 3-1　输入输出指令

LD、LDN、=(Out)指令的使用方法如图 3-2 所示。

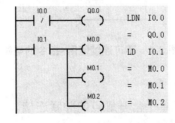

图 3-2　LD、LAN、=指令梯形图及助记符的使用

指令说明如下。

(1) LD、LDN 两条指令不止用于逻辑运算开始时与左母线相连的触点，在分支电路块的开始处也要使用 LD、LDN 指令，也可以与后面的 OLD、ALD 指令配合完成块电路的编程。

(2) =(Out)指令用于输出继电器、辅助继电器、状态继电器、定时器及计数器等，但不可用于输入继电器。

(3) 并联的"="指令可以连续使用任意次。

(4) 在同一程序中不能使用双线圈输出，即同一个元器件在同一程序中只使用一次=(Out)指令。

2. 触点串联指令

(1) A(And)：与指令。用于单个常开触点的串联连接。

指令格式：A   bit

(2) AN(And Not)：与反指令。用于单个常闭触点的串联连接。

指令格式：AN   bit

A、AN 指令的使用方法如图 3-3 所示。

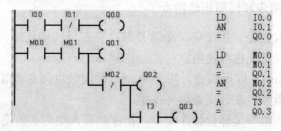

图 3-3　A、AN 指令梯形图及助记符的使用

指令说明如下。

(1) A、AN 是单个接点串联连接指令，这两条指令可以多次重复使用。S7-200 PLC 的编程软件中，规定的串联触点使用上限为 11 个。

(2) 若要串联多个触点组合回路时，要采用 ALD 指令。

(3) 若按正确次序编程，可以反复使用=(OUT)指令，如图 3-3 所示(如图 3-4 所示就不能连续使用"="指令)。

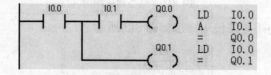

图 3-4　不可连续使用=指令的电路

3. 触点并联指令

(1) O(OR)：或指令。用于单个常开触点的并联连接。

指令格式：O   bit

(2) ON(OR NOT)：或反指令。用于单个常闭触点的并联连接。

指令格式：ON bit

O、ON 指令的使用方法如图 3-5 所示。

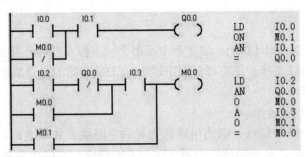

图 3-5 使用 O、ON 指令的梯形图及助记符

指令说明如下。

(1) O、ON 指令可作为一个触点的并联连接指令，紧接在 LD、LDN 指令之后使用，即对其前面 LD、LDN 指令所规定的触点再并联一个触点，可以连续使用。

(2) 若要将两个以上触点的串联回路和其他回路并联，要采用 OLD 指令。

3.1.2 逻辑堆栈指令

S7-200 系列 PLC 使用一个 9 层堆栈来处理所有逻辑操作，称为逻辑堆栈。其特点是"先进后出"。每一次进行入栈操作，新值放入栈顶，栈底值丢失；每一次进行出栈操作，栈顶值弹出，栈底值补进随机数。逻辑堆栈指令主要用来完成对触点进行的复杂连接。西门子公司把 ALD、OLD、LPS、LPP、LPS 和 LDS 等指令归纳为堆栈操作指令，主要作用是用于一个触点(或触点组)同时控制两个或两个以上线圈的编程，逻辑堆栈指令无操作数(LDS 例外)。

1. 块或指令

块或指令是 OLD(Or Load)，用于两个或两个以上触点串联连接的电路之间的并联，称为串联电路块的并联连接，是将梯形图中以 LD/LDN 起始的电路块和另一以 LD/LDN 起始的电路块并联起来。

OLD 指令的使用方法如图 3-6 所示。

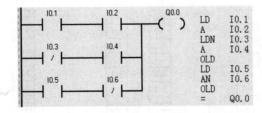

图 3-6 OLD 指令梯形图及助记符

指令的使用说明如下。

(1) 两个或两个以上触点串联连接的电路称为串联电路块。几个串联支路并联时，其支路的起点以 LD/LDN 开始，支路终点用 OLD 指令。

（2）如需将多个支路并联，从第二条支路开始，在每一支路后面加 OLD 指令。用这种办法编程，对并联电路块的个数没有限制。

2. 块与指令

块与指令是 ALD(And Load)。用于两个或两个以上触点并联连接的电路之间的串联，称为并联电路块的串联连接，是将梯形图中以 LD/LDN 起始的电路块和另一以 LD/LDN 起始的电路块串联起来。

指令使用说明如下。

（1）两个或两个以上触点并联的电路称为并联电路块，并联电路块与前面电路串联连接时，使用 ALD 指令。分支的起始点用 LD、LDN 指令，并联电路块结束后，使用 ALD 指令与前面的电路串联。

（2）当有多个并联电路块从左到右按顺序串联连接时，可以连续使用 ALD 指令，串联的电路块数量没有限制。

ALD 指令的使用方法如图 3-7 所示。

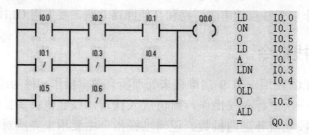

图 3-7　ALD 指令梯形图及助记符

下面三条指令也称为多重输出指令，主要用于一些复杂逻辑的输出处理。

3. LPS(Logic Push)：逻辑入栈指令(分支电路开始指令)

在梯形图的分支结构中，可以形象地看出，它用于生成一条新的母线，其左侧为原来的主逻辑块，右侧为新的从逻辑块，因此可以直接编程。

从堆栈使用上来讲，LPS 指令的作用是把栈顶值复制后压入堆栈，LPS、LRD、LPP 指令的操作过程如图 3-8 所示。

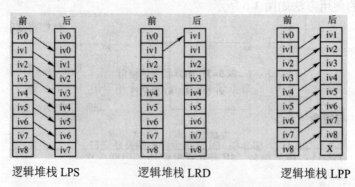

逻辑堆栈 LPS　　　　　逻辑堆栈 LRD　　　　　逻辑堆栈 LPP

图 3-8　栈操作指令的操作过程

4. LRD(Logic Read)：逻辑读栈指令

在梯形图分支结构中，当新母线左侧为主逻辑块时，LPS 开始右侧的第一个从逻辑块编程，LRD 开始第二个以后的从逻辑块编程。从堆栈使用上来讲，LRD 读取最近的 LPS 压入堆栈的内容，而堆栈本身不进行 Push 和 Pop 工作。

5. LPP(Logic Pop)：逻辑出栈指令(分支电路结束指令)

在梯形图分支结构中，LPP 用于 LPS 产生的新母线右侧的最后一个从逻辑块编程，它在读取完离它最近的 LPS 压入堆栈内容的同时，复位该条新母线。从堆栈使用上来讲，LPP 把堆栈弹出一级，堆栈内容依次上移。

图 3-9 ~ 3-11 给出了多重输出指令的几个例子。

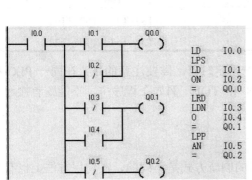

图 3-9　LPS、LRD、LPP 指令的使用(例 1)

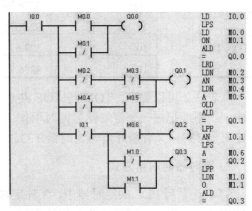

图 3-10　LPS、LRD、LPP 指令的使用(例 2)

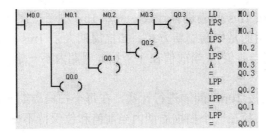

图 3-11　LPS、LRD、LPP 指令的使用(例 3)

3.1.3　定时器指令

定时器的工作原理是：定时器能使输入有效后，当前值寄存器对时基脉冲增 1 计数，当计数值大于或等于定时器的预置值后，状态位置 1。从定时器输入有效到状态位输出有效经过的时间为定时时间。定时时间 T 等于时基乘预置值，时基越大，定时时间越长，但精度越差。

定时器是 PLC 中最常用的元器件之一，掌握它的工作原理，对 PLC 的程序设计非常重要。S7-200 PLC 的定时器为增量型定时器，用于实现时间控制，可以按照工作方式和时间基准分类，时间基准又称为定时精度和分辨率。

1. 分类

根据工作方式，定时器可分为通电延时型(TON)，有记忆的通电延时型，又叫保持型(TONR)，断电延时型(TOF)三种；按照时基基准，定时器又可分为 1ms、10ms、100ms 三种。定时器的工作方式及类型如表 3-2 所示。

表 3-2　定时器的工作方式及类型

工作方式	分辨率(ms)	最大定时时间(ms)	定时器编号
TONR	1	32.767	T0、T64
	10	327.67	T1~T4、T65~T68
	100	3276.7	T5~T31、T69~T95
TON/TOF	1	32.767	T32、T96
	10	327.67	T33~T36、T97~T100
	100	3276.7	T37~T63、T101~T225

从表 3-2 可以看出，TON 与 TOF 共享同一组定时器。需要注意的是，在同一 PLC 程序中，绝不能把同一个定时器号同时用作 TON 和 TOF。例如在程序中，不能既有接通延时定时器 T33，又有断开延时定时器 T33。

2. 定时器的刷新方式

S7-200 系列 PLC 的定时器中，3 种定时器的刷新方式是不同的，在使用方法上也有很大的不同。使用时一定要注意根据使用场合和要求来选择定时器。

1) 1ms 定时器

1ms 定时器启动后按 1ms 间隔进行计数，每隔 1ms 刷新一次，定时器刷新与扫描周期和程序处理无关，它采用的是中断刷新方式。扫描周期大于 1ms 时，定时器一个周期内可能多次被刷新(多次改变当前值)。当前值在一个扫描周期内不一定保持一致。

2) 10ms 定时器

10ms 定时器启动后按 10ms 间隔进行计数，在每个扫描周期开始时自动刷新。由于每个扫描周期只刷新一次，故在一个扫描周期内当前值和位保持不变。

3) 100ms 定时器

100ms 定时器是定时器指令执行时被刷新。启动 100ms 定时器，如果扫描周期没有执行定时器指令，将会丢失时间；如果在一个扫描周期内多次执行同一 100ms 定时器，将会多计时间。因此 100ms 定时器仅用于定时器指令在每个扫描周期执行一次的程序中。

3. 定时器的指令格式

定时器的指令格式如表 3-3 所示。其中 IN 是使能输入端，编程范围是 T0~T255；PT 是预置输入端，最大预置值为 32767，PT 类型为 INT 型。

4. 定时器指令的使用方法

1) 通电延时定时器 TON(On-Delay Timer)

通电延时定时器 TON 用于通电后单一时间间隔的定时。使能端(IN)输入有效时，定时器开始计时，当前值从 0 开始递增，大于或等于预置值(PT)时，定时器输出状态位置 1(输出触点有效)，当前值的最大值为 32767。使能端无效(断开)时，定时器自动复位(当前值清零，输出状态位置 0)。

表 3-3　定时器的指令格式

指令名称	STL	LAD	功　能
通电延时定时器	TON		通电延时型
有记忆通电延时定时器	TONR		有记忆通电延时型
断电延时定时器	TOF		断电延时型

通电延时型定时器的应用如图 3-12 所示。

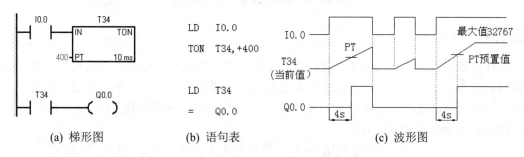

(a) 梯形图　　　(b) 语句表　　　(c) 波形图

图 3-12　通电延时定时器应用示例

2)　保持型通电延时定时器 TONR(Retentive On-Delay Timer)

保持型(有记忆)通电延时定时器 TONR 一般用于多个时间间隔的累计定时。

使能端(IN)输入有效时(接通)，定时器开始递增计数，当前值大于或等于预置值(PT)时，输出状态位置"1"。

输入端无效(断开)时，当前值保持(记忆)；使能端(IN)再次接通有效时，在原记忆值的基础上递增计时。

有记忆通电延时型(TONR)定时器只能用复位指令(R)进行复位操作，当复位有效时，定时器当前值清零，输出状态位置"0"。

有记忆通电延时型定时器的应用程序如图 3-13 所示。

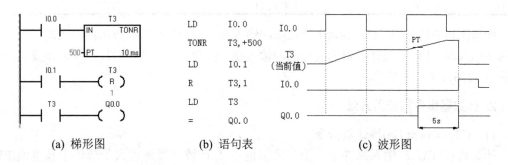

(a) 梯形图　　　(b) 语句表　　　(c) 波形图

图 3-13　有记忆通电延时定时器应用示例

3) 断电延时定时器 TOF(Off-Delay Timer)

断电延时定时器 TOF 用于单一时间间隔的定时。

使能端(IN)输入有效时，定时器输出状态位立即置 1，当前值为 0。使能端(IN)断开时，定时器开始计时，当前值从 0 递增，当前值达到预置值时，定时器状态位复位置 0，并停止计时，当前值保持。

断电延时型定时器的应用程序及程序运行结果时序分析如图 3-14 所示。

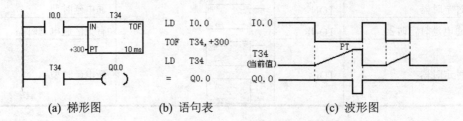

| (a) 梯形图 | (b) 语句表 | (c) 波形图 |

图 3-14　断电延时型定时器的应用示例

3.1.4　计数器

计数器用来累计输入脉冲个数，在实际应用中，用来对产品进行计数或完成复杂的逻辑控制任务。计数器的使用方法和基本结构与定时器基本相同，主要由计数预置值、当前值、状态位等组成。S7-200 系列 PLC 有三种类型计数器：递增计数器(CTU)、增/减计数器(CTUD)、递减计数器(CTD)。

计数器的当前值、设定值均用 16 位有符号整数来表示，最大计数值为 32767。

计数器编号用计数器的名称和常数(0~255)编号，编程范围是 C0~C255。

1. 指令格式

计数器的梯形图指令符号为指令盒形式，指令格式见表 3-4。

表 3-4　CTU、CTD、CTUD 指令的格式

名称格式	增计数器	增/减计数器	减计数器
LAD	``` ???? ┌─────────┐ ─┤CU CTU ├ ─┤R │ ??──┤PV │ └─────────┘ ```	``` ???? ┌──────────┐ ─┤CU CTUD ├ ─┤CD │ ─┤R │ ??──┤PV │ └──────────┘ ```	``` ???? ┌─────────┐ ─┤CD CTD ├ ─┤LD │ ??──┤PV │ └─────────┘ ```
STL	CTU	CTUD	CTD

梯形图指令符号中，CU 为增 1 计数脉冲输入端；CD 为减 1 计数脉冲输入端；R 为复位脉冲输入端；LD 为减计数器的复位脉冲输入端。编程范围是 C0~C225；PV 预置值最大范围是 32767；PV 为整数。

2. 计数器指令的使用方法

1) CTU(Count Up)增计数指令

计数器在 CU 端输入脉冲上升沿，当前值增 1 计数。当前值大于或等于预置值(PV)

时，计数器状态位置 1。当前值累加的最大值为 32767。复位输入(R)有效时，计数器状态位复位(置 0)，当前计数值清零。增计数指令的应用可以参考图 3-15。

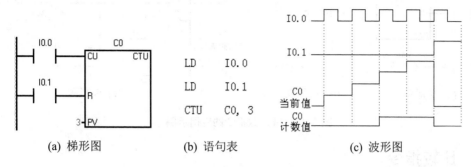

图 3-15　增计数指令的应用示例

2)　CTUD(Count Up/Down)增/减计数器

增/减计数器有两个计数脉冲输入端，其中，CU 输入端用于递增计数，CD 输入端用于递减计数。当复位输入端 R 为 0 时，计数器计数有效，当 CU 端有上升沿输入时，计数器做递增计数；当 CD 端有上升沿输入时，计数器做递减计数。当计数器当前值大于或等于计数器预置值(PV)时，计数器状态位置位。复位输入(R)有效或执行复位指令时，计数器状态位复位，当前值清零。

计数器达到最大值 32767 后，下一个 CU 输入上升沿将使计数值变为最小值-32768；同样，达到最小值(-32768)后，下一个 CD 输入上升沿将使计数值变为最大值(32767)。

增/减计数器指令应用程序段及时序分析如图 3-16 所示。

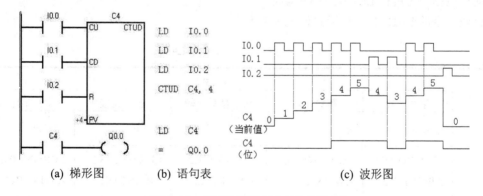

图 3-16　增减计数器指令的应用示例

3)　CTD(Count Down)减计数器

复位输入(LD)有效时，计数器状态位复位(置 0)，并把预置值(PV)装入当前值存储器。当减计数器输入端 CD 有上升沿输入时，减计数器的当前值从预置值开始递减计数，直至当前值等于 0 时，计数器状态位置位(置 1)，停止计数。

减计数指令的应用程序及时序如图 3-17 所示。

减计数器在计数脉冲 I0.0 的上升沿减 1 计数，当前值从预置值开始减至 0 时，定时器输出状态位置 1，Q0.0 通电(置 1)。在复位脉冲 I0.1 的上升沿，定时器状态位置 0(复位)，当前值等于预置值，为下次计数工作做好准备。

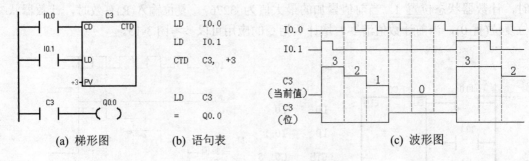

(a) 梯形图 (b) 语句表 (c) 波形图

图 3-17 减计数指令的应用示例

3.1.5 比较指令

比较指令是将两个操作数(IN1、IN2)按指定的比较关系做比较。条件成立时，触点就闭合。比较指令实际上也是一种位指令。比较指令为上下限控制以及数值条件判断提供了极大的方便。

比较指令的操作数可以是整数，也可以是实数(浮点数)。在梯形图中，用带参数和运算符的触点表示比较指令，比较条件满足时，触点闭合，否则断开。梯形图程序中，比较触点可以装入，也可以串联、并联。

比较指令的类型有字节比较、整数比较、双字整数比较、实数比较和字符串比较。

数值比较指令的运算符号有=(等于)、<=(小于等于)、>=(大于等于)、<(小于)、>(大于)、<>(不等于)六种，而字符串比较指令只有=和<>两种。

对比较指令可进行 LD、A 和 O 编程。

比较指令的 LAD 和 STL 形式如表 3-5 所示。

表 3-5 比较指令的 STL 和 LAD

形　式	方　式				
	字节比较	整数比较	双字整数比较	实数比较	字符串比较
LAD	IN1 ┤==B├ IN2	IN1 ┤==I├ IN2	IN1 ┤==D├ IN2	IN1 ┤==R├ IN2	IN1 ┤==S├ IN2
STL	LDB=IN1,IN2 AB=IN1,IN2 OB=IN1,IN2 LDB<>IN1,IN2 AB<>IN1,IN2 OB<>IN1,IN2 LDB<IN1,IN2 AB<IN1,IN2 OB<IN1,IN2 LDB<=IN1,IN2 AB<=IN1,IN2	LDW=IN1,IN2 AW=IN1,IN2 OW=IN1,IN2 LDW<>IN1,IN2 AW<>IN1,IN2 OW<>IN1,IN2 LDW<IN1,IN2 AW<IN1,IN2 OW<IN1,IN2 LDW<=IN1,IN2 AW<=IN1,IN2	LDD=IN1,IN2 AD=IN1,IN2 OD=IN1,IN2 LDD<>IN1,IN2 AD<>IN1,IN2 OD<>IN1,IN2 LDD<IN1,IN2 AD<IN1,IN2 OD<IN1,IN2 LDD<=IN1,IN2 AD<=IN1,IN2	LDR=IN1,IN2 AR=IN1,IN2 OR=IN1,IN2 LDR<>IN1,IN2 AR<>IN1,IN2 OR<>IN1,IN2 LDR<IN1,IN2 AR<IN1,IN2 OR<IN1,IN2 LDR<=IN1,IN2 AR<=IN1,IN2	LDS=IN1,IN2 AS=IN1,IN2 OS=IN1,IN2 LDS<>IN1,IN2 AS<>IN1,IN2 OS<>IN1,IN2

续表

形　式	方　式				
	字节比较	整数比较	双字整数比较	实数比较	字符串比较
LAD	IN1 ─┤ ==B ├─ IN2	IN1 ─┤ == ├─ IN2	IN1 ─┤ ==D ├─ IN2	IN1 ─┤ ==R ├─ IN2	IN1 ─┤ ==S ├─ IN2
STL	OB<=IN1,IN2 LDB>IN1,IN2 AB>IN1,IN2 OB>IN1,IN2 LDB>=IN1,IN2 AB>=IN1,IN2 OB>=IN1,IN2	OW<=IN1,IN2 LDW>IN1,IN2 AW>IN1,IN2 OW>IN1,IN2 LDW>=IN1,IN2 AW>=IN1,IN2 OW>=IN1,IN2	OD<=IN1,IN2 LDD>IN1,IN2 AD>IN1,IN2 OD>IN1,IN2 LDD>=IN1,IN2 AD>=IN1,IN2 OD>=IN1,IN2	OR<=IN1,IN2 LDR>IN1,IN2 AR>IN1,IN2 OR>IN1,IN2 LDR>=IN1,IN2 AR>=IN1,IN2 OR>=IN1,IN2	
IN1 和 IN2 寻 址范围	IB,QB,MB, SMB,VB,SB, LB,AC,*VD, *AC,*LD,常数	IW,QW,MW, SMW,VW,SW, LW,AC,*VD, *AC,*LD,常数	ID,QD,MD, SMD,VD,SD, LD,AC,*VD, *AC,*LD,常数	ID,QD,MD, SMD,VD,SD, LD,AC,*VD, *AC,*LD,常数	(字符)VB,LB, *VD,*AC,*LD,

　　字节比较用于比较两个字节型整数值 IN1 和 IN2 的大小，字节比较是无符号的。整数比较用于比较两个一个字长的整数值 IN1 和 IN2 的大小，整数比较是有符号的，整数范围是 16#8000 ~ 16#7FFF。

　　实数比较用于比较两个双字长整数值 IN1 和 IN2 的大小。它们的比较也是有符号的，实数范围是 −1.74494E−38 ~ −3.402823E+38，以及 +1.174494E−38 ~ +3.402823E+38。

　　字符串比较用于比较两个字符串数据的相同与否，字符串长度不能超过 244 个字符。

　　例如有一个恒温水池，要求温度在 35℃ ~ 55℃之间，当温度低于 35℃ 时，启动加热器加热，红灯亮；当温度高于 55℃ 时，停止加热，指示绿灯亮。假设温度存放在 SMB108 中。控制程序如图 3-18 所示。

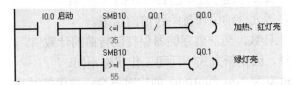

图 3-18　使用比较指令的应用程序

3.2　程序控制指令

　　程序控制类指令大部分属于无条件指令，用于控制程序的走向。合理使用该类指令，可以优化程序结构，增强程序功能及灵活性。这类指令主要包括结束指令、暂停指令、看门狗指令、跳转指令、子程序、循环和顺序控制等指令。

3.2.1　跳转及标号指令

跳转指令可以使 PLC 编程的灵活性大大提高，主机可根据对不同条件的判断，选用不同的程序段执行程序。

跳转指令 JMP(Jump to Label)：当输入端有效时，使程序跳转到标号处执行。

标号指令 LBL(Label)：指令跳转的目标标号，操作数为 0~244。

跳转指令和标号指令的 LAD 和 STL 格式如表 3-6 所示。

表 3-6　跳转指令和标号指令的 LAD 和 STL 格式

LAD	STL
—(JMP) n	JMP　n
LBL n	LBL　n

跳转指令和标号指令的应用如图 3-19 所示。

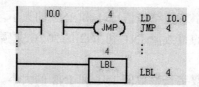

图 3-19　跳转指令和标号指令的应用

使用说明如下。

(1) 跳转指令和标号指令必须配合使用，而且只能使用在同一程序块中，如主程序、同一个子程序或同一个中断程序。不能在不同的程序块中互相跳转。

(2) 执行跳转后，被跳过程序段中的各元件的状态为：

● Q、M、S、C 等元件的位保持跳转前的状态。

● 计数器 C 停止计数，当前值存储器保持跳转前的计数值。

● 对定时器来说，因刷新方式不同而工作状态不同。

在跳转期间，分辨率为 1ms 和 10ms 的定时器会一直保持跳转前的工作状态，原来工作的继续工作，到设定值后，其位的状态也会改变，输入触点动作，其当前值存储器一直累计到最大值 32767 才停止。对分辨率为 100ms 的定时器来说，跳转期间停止工作，但不会复位，存储器里的值为跳转时的值，跳转结束后，若输入条件允许，可继续计时，但已失去了准确计时的意义。所以在跳转段里的定时器要慎重使用。

3.2.2　结束及暂停指令

(1) END：条件结束指令。

(2) MEND：无条件结束指令。

指令说明如下。

① 结束指令的功能是结束主程序，并返主程序起始点。它只能在主程序中使用，不能在子程序和中断服务程序中使用。END 指令无操作数。

② 在调试程序时，在程序的适当位置插入 MEND 指令可以实现程序的分段调试。

③ 梯形图结束指令直接连在左侧电源母线时，为无条件结束指令(MEND)，不直接连在左侧母线时，为条件结束指令(END)。

④ 无条件结束指令执行时，立即终止用户程序的执行，返回主程序的第一条指令执行。Micro/WIN32 编程时，用户不需要输入无条件结束指令，该软件在主程序的结尾会自动生成无条件结束(MEND)指令，否则编译将出错。

⑤ 条件结束指令在使能输入有效时，终止用户程序的执行，返回主程序的第一条指令执行(循环扫描工作方式)。

(3) STOP：暂停指令。

暂停指令的 LAD 和 STL 格式及功能如表 3-7 所示。

表 3-7 暂停指令的 LAD 和 STL 格式及功能

LAD	STL	功　能
—(STOP)	STOP	CPU 工作方式由 RUN 切换到 STOP 方式，终止程序的执行

使用说明如下。

① STOP 指令的功能是使能输入有效时，立即终止程序的执行，使得 CPU 的工作方式由 RUN 切换到 STOP 方式，中止用户程序的执行。STOP 指令在梯形图中是以线圈形式编程的。

② STOP 指令可以用在主程序、子程序和中断程序中。如果在中断程序中执行 STOP 指令，则中断立即终止，并且忽略全部执行的中断，继续扫描程序的剩余部分，将 CPU 由 RUN 切换到 STOP。

结束及暂停指令通常在程序中用来对突发紧急事件进行处理，以避免实际生产中的重大损失。

3.2.3 看门狗指令

WDR(Watchdog Reset)：称为看门狗复位指令，也称为警戒时钟刷新指令。它可以把警戒时钟刷新，即延长扫描周期，从而有效地避免看门狗超时错误。WDR 指令在梯形图中以线圈形式编程，无操作数。

若程序扫描周期超过 300ms，最好用看门狗复位指令重新触发看门狗定时器。

看门狗指令的 LAD 和 STL 格式以及功能介绍如表 3-8 所示。

表 3-8 看门狗指令的 LAD 和 STL 格式及功能

LAD	STL	功　能
—(WDR)	WDR	重新触发 S7-200 CPU 的系统监控程序定时器，可以延长扫描周期，避免出现看门狗超时错误

使用说明如下。

WDR 指令的功能是使能输入有效时，将看门狗定时器复位。在没有看门狗错误的情况下，可以增加一次扫描允许的时间。若使能输入无效时，看门狗定时器定时时间到，程序将中止当前指令的执行，重新启动，返回到第一条指令重新执行。

使用 WDR 指令时要特别小心，如果因为 WDR 指令而使扫描时间拖得过长，那么在终止本扫描之前，下列操作过程将被禁止(不予执行)：

- 通信(自由端口方式除外)。
- I/O 更新(立即 I/O 除外)。
- 强制更新。
- SM 更新(SM0、SM5~SM29 不能被更新)。
- 运行时间诊断。
- 中断程序中的 STOP 指令。
- 扫描时间超过 25ms、10ms 和 100ms 时，定时器将不能正确计时。

图 3-20 所示是暂停指令、看门狗复位指令和结束指令的用法。

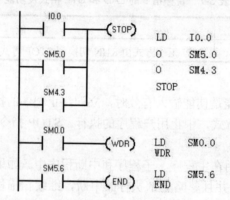

图 3-20　暂停指令、看门狗复位指令和结束指令使用举例

3.2.4　循环指令

在 PLC 的编程设计中，为了能使用重复执行相同功能的程序段，S7-200 CPU 指令系统提供了循环指令，它为处理程序中重复执行相同功能的程序段提供了方便。合理地利用该指令，可以大大简化程序的结构，特别是在进行大量相同功能的计算和逻辑处理时，循环指令非常有用。

循环指令有两条：循环开始指令 FOR 和循环结束指令 NEXT。

循环开始指令 FOR 用来标记循环体的开始；循环结束指令 NEXT 用来标记循环体的结束。循环指令无操作数。

FOR 和 NEXT 指令的 LAD 和 STL 格式以及功能如表 3-9 所示。

使用说明如下。

(1) 循环开始指令 FOR 和循环结束指令 NEXT 必须成对使用。

(2) 循环开始指令在使用时必须指定当前循环计数、初始值和终止值。FOR 和 NEXT 可以循环嵌套，嵌套最多为 8 层，但各个嵌套之间不可有交叉现象。

表 3-9　FOR 和 NEXT 指令的 LAD 和 STL 格式及功能

LAD	STL	功　能
FOR EN　　ENO ????－INDX ????－INIT ????－FINAL	FOR　INDX, INIT, FINAL	执行 FOR 和 NEXT 之间的指令。INDX 为循环初始值；FINAL 为循环终止值
—(NEXT)	NEXT	循环结束

(3)　初始值大于终止值时，循环体不被执行。

(4)　FOR 和 NEXT 之间的程序段称为循环体，每执行一次循环体，当前计数值增 1，并且将其结果同终值进行比较，如果大于终值，则终止循环。

(5)　每次使能输入(EN)重新有效时，指令将自动复位各参数。

(6)　使用循环指令时，要注意在循环体中对 INDX 的控制。

表 3-10 为循环开始指令在输入时对应的操作数及数据类型。

表 3-10　循环开始指令操作数的说明

输　入	操　作　数	数据类型
INDX	VW、IW、QW、MW、SM、SMW、LW、T、C、AC、*VD、*LD、*AC	整数
INIT	VW、IW、QW、MW、SM、SMW、LW、T、C、AC、*VD、	
FINAL	*LD、*AC、AIW、常量	

循环指令的应用举例如图 3-21 所示。

该段程序的功能是：当 I0.0 接通时，外层 a 循环执行 88 次；当 I0.1 接通时，内层 b 循环执行 8 次。

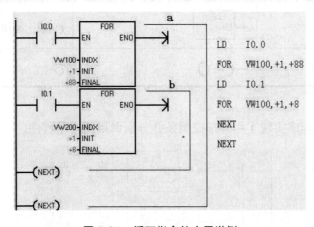

图 3-21　循环指令的应用举例

3.2.5 子程序

S7-200 PLC 的程序主要包括三大类：主程序(OB1)、子程序(SBR_N)和中断程序(INT_N)。子程序在结构化程序设计中是一种方便有效的工具。S7-200 PLC 的指令系统具有简单、方便、灵活的子程序调用功能。与子程序有关的操作有：建立子程序、子程序的调用和返回。

1. 建立子程序

建立子程序是通过编程软件来完成的。

可通过编程软件"编辑"菜单中的"插入"选项，选择"子程序"命令，以建立或插入一个新的子程序，同时，在指令树窗口中可以看到新建的子程序图标，默认的程序名是SBR_N，编号 N 从 0 开始按递增顺序生成，也可以在图标上直接更改子程序的程序名，把它变为更能描述该子程序功能的名字。

在指令树窗口中双击子程序的图标，就可以进入子程序，并对它进行编辑。对于CPU226XM，最多可以有 128 个子程序；对其余 CPU，最多可以有 64 个子程序。

2. 子程序调用

1) 子程序调用指令 CALL

在使能输入有效时，主程序把程序控制权交给子程序。子程序的调用可以带参数，也可以不带参数。它在梯形图中以指令盒的形式编程。

2) 子程序条件返回指令 CRET

在使能输入有效时，结束子程序的执行，返回主程序中(此子程序调用的下一条指令)。梯形图中以线圈的形式编程，指令不带参数。

子程序调用、条件返回指令的格式见表3-11。

表 3-11　子程序调用的格式

子程序调用指令	─[SBR_0 EN]	CALL SBR_0
子程序条件返回指令	─(RET)	CRET

3) 应用举例

图 3-22 所示的程序实现了用外部控制条件分别调用两个子程序。

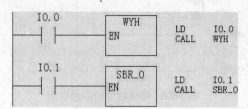

图 3-22　子程序的调用

使用说明如下。

(1) CRET 多用于子程序的内部，由判断条件决定是否结束子程序调用，RET 用于子程序的结束。用西门子编程软件 Micro/WIN32 进行编程时，编程人员不需要手工输入 RET 指令，而是由软件自动加在每个子程序的结尾。

(2) 子程序嵌套：如果在子程序的内部又对另一子程序执行调用指令，则这种调用称为子程序的嵌套。子程序的嵌套深度最多为 8 级。

(3) 当一个子程序被调用时，系统自动保存当前的堆栈数据，并把栈顶置 1，堆栈中的其他部分置为 0，子程序占有控制权。子程序执行结束，通过返回指令自动恢复原来的逻辑堆栈值，调用程序又重新取得控制权。

(4) 累加器可在调用程序和被调用子程序之间自由传递，所以累加器的值在子程序调用时既不保存也不恢复。

3. 带参数的子程序调用

子程序中可以有参数，带参数的子程序调用扩大了子程序的使用范围，增加了调用的灵活性。子程序的调用过程如果存在数据的传递，则在调用指令中应包含相应的参数。

1) 子程序参数

子程序最多可以传递 16 个参数。参数在子程序的局部变量表中加以定义。参数包含下列信息：变量名、变量类型和数据类型。

(1) 变量名：变量名最多用 8 个字符表示，第一个字符不能是数字。

(2) 变量类型：变量类型是按变量对应数据的传递方向来划分的，可以是传入子程序(IN)、传入和传出子程序(IN/OUT)、传出子程序(OUT)和暂时(TEMP)四种类型。四种变量类型的参数在变量表中的位置必须符合以下先后顺序。

① IN 类型：传入子程序参数。所接的参数可以是直接寻址数据(如 VB100)、间接寻址数据(如 AC11)、立即数(如 16#2344)和数据的地址值(~J&VB106)。

② IN/OUT 类型：传入传出子程序参数。调用时，将指定参数位置的值传到子程序，返回时，从子程序得到的结果值被返回到同一地址。参数可以采用直接和间接寻址，但立即数(如 16#1234)和地址值(如&VB100)不能作为参数。

③ OUT 类型：传入子程序参数。它将从子程序返回的结果值送到指定的参数位置。输出参数可以采用直接和间接寻址，但不能是立即数或地址编号。

④ TEMP 类型：暂时变量类型。在子程序内部暂时存储数据，不能用来与主程序传递参数数据。

(3) 数据类型：局部变量表中还要对数据类型进行声明。数据类型可以是能流、布尔型、字节型、字型、双字型、整数型、双整型和实型。

① 能流：仅允许对位输入操作，是位逻辑运算的结果。在局部变量表中，布尔能流输入处于所有类型的最前面。

② 布尔型：布尔型用于单独的位输入和输出。

③ 字节、字和双字型：这三种类型分别声明一个 1 字节、2 字节和 4 字节的无符号输入或输出参数。

④ 整数、双整数型：这两种类型分别声明一个 2 字节或 4 字节的有符号输入或输出参数。

⑤ 实型：该类型声明一个 IEEE 标准的 32 位浮点参数。

2) 参数子程序调用的规则

常数参数必须声明数据类型。例如，把值为 223344 的无符号双字作为参数传递时，必须用 DW#223344 来指明。如果缺少常数参数的这一描述，常数可能会被当作不同类型使用。

输入或输出参数没有自动数据类型转换功能。例如，局部变量表中声明一个参数为实型，而在调用时使用一个双字，则子程序中的值就是双字。

参数在调用时必须按照一定的顺序排列，先是输入参数，然后是输入输出参数，最后是输出参数。

3) 变量表的使用

按照子程序指令的调用顺序，参数值分配给局部变量存储器，起始地址是 L0.0。使用编程软件时，地址分配是自动的。在局部变量表中要加入一个参数，右击要加入的变量类型区，可以得到一个选择菜单，选择"插入"，然后选择"下一行"即可。局部变量表使用局部变量存储器。当在局部变量表中加入一个参数时，系统自动给各参数分配局部变量存储空间。

参数子程序调用指令格式为：CALL 子程序, 参数 1, 参数 2, ……, 参数 n。

4) 程序实例

图 3-23 为一个带参数调用的子程序实例，其局部变量分配见表 3-12。

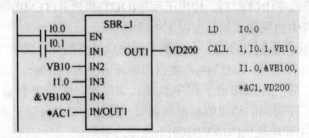

图 3-23 带参数调用的子程序

表 3-12 局部变量分配

L 地址	参 数	参数类型	数据类型	说 明
无	EN	IN	BOOL	指令使能输入参数
LB0.0	IN1	IN	BOOL	第 1 个输入参数，布尔型
LB1	IN2	IN	BYTE	第 2 个输入参数，布尔型
LB2.0	IN3	IN	BOOL	第 3 个输入参数，布尔型
LD3	IN4	IN	DWORD	第 4 个输入参数，布尔型
LW7	IN/OUT	IN/OUT	WORD	第 1 个输入/输出参数，字型
LD9	OUT	OUT	DWORD	第 1 个输出参数，双字型

3.2.6　与 ENO 指令

ENO 是 LAD 中指令盒的布尔能流输出端。如果指令盒的能流输入有效，则执行没有错误，ENO 就置位，并将能流向下传递。ENO 可以作为允许位表示指令成功执行。

STL 指令没有 EN 输入，但对要执行的指令，其栈顶值必须为 1。可用"与"ENO(AENO)指令来产生和指令盒中的 ENO 位相同的功能。

指令格式：AENO。

AENO 指令无操作数，且只在 STL 中使用，它将栈顶值和 ENO 位进行逻辑与运算，运算结果保存到栈顶。AENO 指令的用法如图 3-24 所示，如果+I 指令执行正确，则调用中断程序 INT_0，中断事件号为 1。

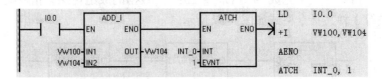

图 3-24　AENO 指令的应用程序

3.3　功　能　指　令

功能指令(Function Instruction)又称为应用指令，它是指令系统中应用于复杂控制的指令。PLC 功能指令包括数据处理指令、算术逻辑运算指令、表功能指令、转换指令、中断指令、高速处理指令等计算机控制系统所具有的功能。

3.3.1　数据处理指令

数据处理指令包括数据的传送指令、移位指令、填充指令、交换指令等。

1. 传送指令

数据传送类指令有字节、字、双字和实数的单个传送指令，还有以字节、字、双字为单位的数据块的成组传送指令，用来实现各存储器单元之间数据的传送和复制。

1)　单一数据传送 MOVB、MOVW、MOVD、MOVR

单一数据传送指令一次完成一个字节、字或双字的传送。

指令格式如图 3-25 所示。

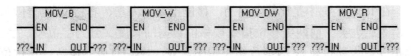

图 3-25　单一数据传送指令的格式

功能：使能流输入 EN 有效时，把一个输入 IN 单字节数据、单字长或双字长数据、双字长实数数据送到 OUT 指定的存储器单元输出。

数据类型分别为 B、W、DW 和常数。

影响允许输出 ENO 正常工作的出错条件是：SM4.3，0006(间接寻址错误)。

图 3-26 所示程序的功能是：当 I0.0 为"1"时，整数 58 传送到标志字 MW2，且传送过程中输入值不变。

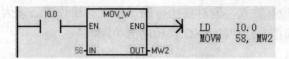

图 3-26　单一数据传送指令应用梯形图

2)　数据块传送 BMB、BMW、BMD

数据块传送指令一次可完成 N 个(最多 255 个)数据的成组传送。指令类型有字节块、字块或双字块等 3 种。指令格式如图 3-27 所示。

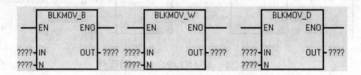

图 3-27　数据块传送指令的格式

(1)　字节的数据块传送指令。使能输入 EN 有效时，把从输入 IN 字节开始的 N 个字节数据传送到以输出字节 OUT 开始的 N 个字节中。

(2)　字的数据块传送指令。使能输入 EN 有效时，把从输入 IN 字开始的 N 个字的数据传送到以输出字 OUT 开始的 N 个字的存储区中。

(3)　双字的数据块传送指令。使能输入 EN 有效时，把从输入 IN 双字开始的 N 个双字的数据传送到以输出双字 OUT 开始的 N 个双字的存储区中。

IN、OUT 操作数的数据类型分别为 B、W、DW；N(BYTE)的数据范围是 0~255。

影响允许输出 ENO 正常工作的出错条件是：SM4.3(运行时间)，0006(间接寻址错误)，0091(操作数超界)。

例如，将变量存储器 VW10 中的内容送到 MW4 中。程序如图 3-28 所示。

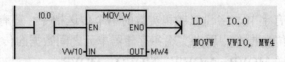

图 3-28　数据块传送指令应用梯形图

2. 移位与循环移位指令

移位指令在 PLC 控制中是比较常用的，移位指令分为左、右移位和循环左、右移位及寄存器移位指令三大类。前两类移位指令按移位数据的长度又分为字节型、字型、双字型三种，移位指令最大移位位数 N≤数据类型(B、W、DW)对应的位数，移位位数(次数)N 为字节型数据。

1)　左、右移位指令

左、右移位数据存储单元的移出端与 SM1.1(溢出)端相连，移出位被放到 SM1.1 特殊存储单元，移位数据存储单元的另一端补 0。当移位操作结果为 0 时，SM1.0 自动置位。

移位指令的格式如图 3-29 所示。

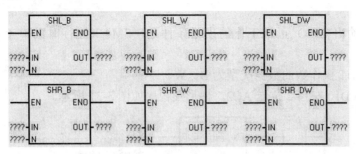

图 3-29　移位指令的格式

(1) 被移位的数据是无符号的。

(2) 左移位指令 SHL(Shift Left)：使能输入有效时，将输入的字节、字或双字 IN 左移 N 位后(右端补 0)，将结果输出到 OUT 所指定的存储单元中，最后一次移出位保存在 SM1.1(溢出)。

(3) 右移位指令 SHR(Shift Right)：使能输入有效时，将输入的字节、字或双字 IN 右移 N 位后，将结果输出到 OUT 所指定的存储单元中，最后一次移出位保存在 SM1.1。

(4) 移位次数 N 与移位数据长度有关，如果 N 小于实际的数据长度，则执行 N 次移位；如果 N 大于实际的数据长度，则执行移位的次数等于实际的数据长度。

2) 循环左、右移位

循环移位将移位数据存储单元的首尾相连，同时又与溢出标志 SM1.1 连接，SM1.1 用来存放被移出的位。指令格式如图 3-30 所示。

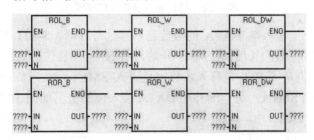

图 3-30　循环移位指令的格式

(1) 被移位的数据是无符号的。

(2) 循环左移位指令 ROL(Rotate Left)：使能输入有效时，字节、字或双字 IN 数据循环左移 N 位后，将结果输出到 OUT 所指定的存储单元中，并且将最后一次移出位送 SM1.1。

(3) 循环右移位指令 ROR(Rotate Right)：使能输入有效时，字节、字或双字 IN 数据循环右移 N 位后，将结果输出到 OUT 所指定的存储单元中，并且将最后一次移出位送 SM1.1。

(4) 移位次数 N 与移位数据长度有关，如果 N 小于实际的数据长度，则执行 N 次移位；如果 N 大于实际的数据长度，则执行移位的次数等于实际的数据长度。

3) 左、右移位及循环移位指令对标志位、ENO 的影响及操作数的寻址范围

移位指令影响的特殊存储器位：SM1.0(零)；SM1.1(溢出)。如果移位操作使数据变为 0，则 SM1.0 置位。

影响允许输出 ENO 正常工作的出错条件是：SM4.3(运行时间)，0006(间接寻址错误)。

N、IN、OUT 操作数的数据类型为 B、W、DW。

例如，将 VD10 左移 2 位送 AC2。梯形图程序如图 3-31 所示。

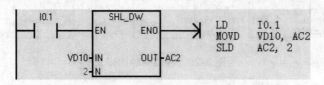

图 3-31　移位指令应用梯形图

4) 移位寄存器指令 SHRB

移位寄存器指令是一个移位长度可指定的移位指令。在顺序控制和步进控制中，应用移位寄存器编程是很方便的。

移位寄存器指令的格式如图 3-32 所示。

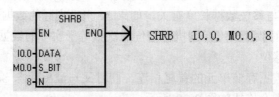

图 3-32　移位寄存器指令的格式

移位寄存器指令把输入端 DATA 的数值送入移位寄存器，S-BIT 指定移位寄存器的最低位，N 指定移位寄存器的长度(从 S-BIT 开始，共 N 位)和移位的方向(正数表示左移，负数为右移)，DATA 值从 S-BIT 位移入，移出位进入 SM1.1；N 为负值时右移位(由高位到低位)，S-BIT 移出到 SM1.1，另一端补充 DATA 移入位的值。如图 3-33 所示。

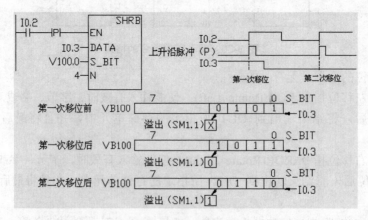

图 3-33　移位寄存器指令

由移位寄存器的最低有效位 S-BIT 和移位寄存器的长度 N 可计算出移位寄存器最高有效位 MSB.b 的地址。计算公式为：MSB.b={S-BIT 的字节号+[(|N|-1+S-BIT 的位号)÷8]的商}.{[(|N|-1+S-BIT 的位号)÷8]的余数}。

例如，如果 S-BIT 是 V20.4，N 是 9，那么 MSB.b 是 V21.4。具体计算如下：

$$MSB.b = \{V20+[(9-1+4)÷8]的商\}.\{[(9-1+4)÷8]的余数\} = V21.4$$

当移位寄存器 EN 有效时，每个扫描周期寄存器各位都移动一位，图 3-33 中，EN 端加了上升沿脉冲指令，即在 I0.2 的每个上升沿时刻都对 DATA 端采样一次，并把 DATA 的数值移入移位寄存器。左移时，输入数据从移位寄存器的最低有效位移入，从最高有效位移出；右移时，输入数据从移位寄存器的最高有效位移入，从最低有效位移出。移出的数据会影响 SM1.1。N 为字节型数据，移位寄存器的最大长度为 64 位。操作数 DATA、S-BIT 为位型数据。

例如，移位寄存器的梯形图与时序图如图 3-34 所示，VB100 中的内容为 30H，移位后 VB100 中的内容为多少？

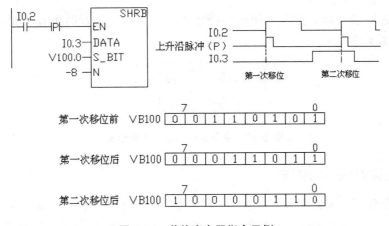

图 3-34　移位寄存器指令示例

执行梯形图后，VB100 的内容为 8CH。

3. 填充指令

填充指令格式如图 3-35 所示。

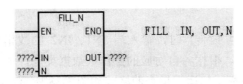

图 3-35　填充指令的格式

使能输入 EN 有效时，用字输入数据 IN 填充从输出 OUT 指定单元开始的 N 个字存储单元。N(BYTE)的数据范围是 0~255。IN、OUT 操作数的数据类型为 INT(WORD)。

影响允许输出 ENO 正常工作的出错条件是：SM4.3(运行时间)，0006(间接寻址错误)，0091(操作数超界)。

例如，将从 VW100 开始的 128 个字节(64 个字)存储单元清零。程序如图 3-36 所示。本条指令执行结果：从 VW10 开始的 128 个字节(VW100~VW136)的存储单元清零。

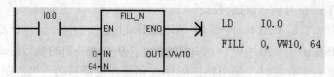

图 3-36　填充指令应用梯形图

4. 字节交换指令 SWAP

字节交换指令用来将字型输入数据 IN 高位字节与低位字节进行交换，因此又可称为半字交换指令。

使能输入 EN=1 时，输入端 IN 指定字的高字节内容与低字节内容互相交换，交换的结果仍存放在输入端 IN 指定的地址中(输出到 OUT 指定的存储器单元)。IN、OUT 操作数的数据类型为 INT(WORD)。

影响允许输出 ENO 正常工作的出错条件是：SM4.3(运行时间)，0006(间接寻址错误)。指令格式如图 3-37 所示。

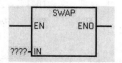

图 3-37　字节交换指令应用梯形图

3.3.2　运算和数学指令

运算指令包括算术运算指令和逻辑运算指令。算术运算包括加、减、乘、除、加 1、减 1 等运算功能。算术运算功能影响 SM1.0 "零" 标志、SM1.1 "溢出" 标志、SM1.2 "符号" 标志和 SM1.3 "被零除" 标志等特殊标志位。数据类型为整型 INT、双整型 DINT 和实型 REAL。逻辑运算包括逻辑与、逻辑或、逻辑非、逻辑异或等，数据类型为字节型 BYTE，字型 WORD，双字型 DWORD。

1. 四则运算和加 1 减 1 指令

1)　加/减运算

(1) 加法指令运算。当 EN=1 时，输入端 IN1、IN2 的数相加，并将结果送到输出端 OUT 指定的存储单元中去。根据各自对应的操作数数据类型，加法指令可分为整数(I)、双整数(DI)、实数(R)加法指令。加运算指令的格式如图 3-38 所示。

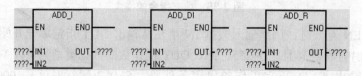

图 3-38　加法功能指令

(2) 减法指令运算。当 EN=1 时，被减数 IN1 与减数 IN2 相减，并将其结果送到输出端 OUT 指定的存储单元中去。根据各自对应的操作数数据类型，减法指令可分为整数(I)、双整数(DI)、实数(R)减法指令，它们分别是有符号整数、有符号双整数、实数。减运算指令的格式如图 3-39 所示。

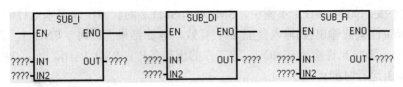

图 3-39　减法功能指令

(3) 指令类型和运算关系。

① 整数加减运算 ADD I、SUB I：使能 EN 输入有效时，将两个单字长(16 位)符号整数(IN1 和 IN2)相加减，然后将运算结果送 OUT 指定的存储器单元输出。STL 运算指令及运算结果如下。

```
整数加法: MOVW    IN1, OUT    //IN1→OUT
          +I      IN2, OUT    //OUT+IN2=OUT
整数减法: MOVW    IN1, OUT    //IN1→OUT
          -I      IN2, OUT    //OUT-IN2=OUT
```

从 STL 运算指令可以看出，IN1、IN2 和 OUT 操作数的地址不相同时，STL 将 LAD 的加减运算分别用两条指令描述。

IN1 或 IN2=OUT 时的整数加法：

```
          +I      IN2, OUT    //OUT+IN2=OUT
```

IN1 或 IN2=OUT 时，加法指令节省一条数据传送指令，本规律适用于所有算术运算指令。

② 双整数加减运算 ADD DI、SUB DI：使能 EN 输入有效时，将两个双字长(32 位)符号整数(INI 和 IN2)相加减，运算结果送 OUT 指定的存储器单元输出。STL 运算指令及运算结果如下。

```
双整数加法: MOVD   IN1   OUT   //IN1→OUT
            +D     IN2   OUT   //OUT+IN2=OUT
双整数减法: MOVD   IN1   OUT   //IN1→OUT
            -D     IN2   OUT   //OUT-IN2=OUT
```

③ 实数加减运算 ADD R、SUB R：使能输入 EN 有效时，将两个双字长(32 位)的有符号实数 IN1 和 IN2 相加减，运算结果送 OUT 指定的存储器单元输出。

LAD 运算结果是：IN1±IN2=OUT。

STL 运算指令及运算结果如下。

```
实数加法: MOVR    IN1 OUT   //IN1→OUT
          +R      IN2 OUT   //OUT+IN2=OUT
实数减法: MOVR    IN1 OUT   //IN1→OUT
          -R      IN2 OUT   //OUT-IN2=OUT
```

(4) 对标志位的影响。算术运算指令影响特殊标志的算术状态位 SM1.0~SM1.3，并建立指令盒能量流输出 ENO。

① 算术状态位(特殊标志位)SM1.0(零)，SM1.1(溢出)，SM1.2(负)。

SM1.1 用来指示溢出错误和非法值。如果 SM1.1 置位，SM1.0 和 SM1.2 的状态无效，原始操作数不变。如果 SM1.1 不置位，SM1.0 和 SM1.2 的状态反映算术运算的结果。

② ENO(能量流输出位)输入使能 EN 有效，运算结果无错时，ENO=I，否则 ENO=0(出错或无效)。影响允许输出 ENO 正常工作的出错条件：SM1.1=1(溢出)，0006(间接寻址错误)，SM4.3(运行时间)。

例如，求 400 和 300 的和或差，400 在数据存储器 VW100 中，结果存入 VW200。梯形图程序如图 3-40 所示。

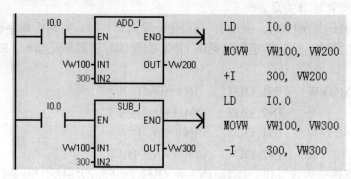

图 3-40 加减法指令应用梯形图

2) 乘除运算

(1) 乘法指令运算。当 EN=1 时，输入端 IN1 和 IN2 的数相乘，并将其结果送到输出端 OUT 指定的存储单元中去。乘法指令可分为整数(I)、双整数(DI)、实数(R)乘法指令和整数完全乘法指令。前 3 种指令对应的操作数的数据类型分别为有符号整数、有符号双整数、实数。整数完全乘法指令把输入端 IN1 与 IN2 指定的两个 16 位整数相乘，产生一个 32 位的乘积，并送到输出端 OUT 指定的存储单元中去。

乘法运算的 LAD 指令格式如图 3-41 所示。

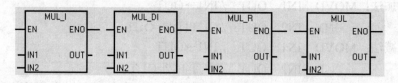

图 3-41 乘法功能指令

(2) 除法指令运算。当 EN=1 时，被除数 IN1 与除数 IN2 指定的数相除，并将其结果送到输出端 OUT 指定的存储单元中去。除法指令可分为整数(I)、双整数(DI)、实数(R)除法指令和整数完全除法指令。前 3 种指令各自对应的操作数数据类型分别为有符号整数、有符号双整数、实数。整数完全除法指令把输入端 IN1 与 IN2 指定的两个 16 位整数相除，产生一个 32 位的结果，并送到输出端 OUT 指定的存储单元中去，其中高 16 位是余数，低 16 位是商。

除法运算的 LAD 指令格式如图 3-42 所示。

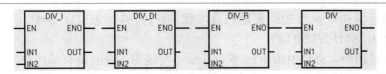

图 3-42　除法运算的指令格式

LAD 指令执行的结果是：乘法 IN1*IN2=OUT；除法 IN1/IN2=OUT。

(3)　指令功能分析。

①　整数乘除法指令 MUL I、DIV I：使能 EN 输入有效时，将两个单字长(16 位)符号整数 IN1 和 IN2 相乘除，产生一个单字长(16 位)整数结果，从 OUT(积/商)指定的存储器单元输出。

STL 指令的格式及功能如下。

整数乘法：MOVW　　　N1　OUT　　//IN1→OUT

　　　　　　　*I　　　 IN2　OUT　　//OUT*IN2=OUT

整数除法：MOVW　　　IN1　OUT　　//IN1→OUT

　　　　　　　/I　　　 IN2　OUT　　// OUT/IN2=OUT

②　双整数乘除法指令 MUL DI、DIV DI：使能 EN 输入有效时，将两个双字长(32 位)符号整数 IN1 和 IN2 相乘除，产生一个双字长(32 位)整数结果，从 OUT(积/商)指定的存储器单元输出。

STL 指令的格式及功能如下。

双整数乘法：MOVD　　　IN1　OUT　　//IN1→OUT

　　　　　　　*D　　　 IN2　OUT　　//OUT*IN2=OUT

双整数除法：MOVD　　　IN1　OUT　　//IN1→OUT

　　　　　　　/D　　　 IN2　OUT　　//OUT/IN2=OUT

③　整数乘除指令 MUL、DIV：使能输入 EN 有效时，将两个单字长(16 位)符号整数 IN1 和 IN2 相乘除，产生一个 32 位整数结果，从 OUT(积/商)指定的存储器单元输出。整数除法产生的 32 位结果中，低 16 位是商，高 16 位是余数。

STL 指令的格式及功能如下。

整数乘法产生双整数：MOVW　IN1　OUT　　//IN1→OUT

　　　　　　　　　　 MUL　IN2　OUT　　//OUT*IN2=OUT

整数除法产生双整数：MOVW　IN1　OUT　　//IN1→OUT

　　　　　　　　　　 EKV　IN2　OUT　　//OUT/IN2=OUT

④　实数乘除法指令 MUL R、DIV R：使能输入 EN 有效时，将两个双字长(32 位)符号实数 IN1 和 IN2 相乘除，产生一个双字长(32 位)实数结果，从 OUT(积/商)指定的存储器单元输出。

STL 指令的格式及功能如下。

实数乘法：MOVR　IN1　OUT　//IN1→OUT

　　　　　　*R　　 IN2　OUT　//OUT*IN2=OUT

实数除法：MOVR　IN1　OUT　//IN1→OUT

　　　　　　/R　　 IN2　OUT　//OUT/IN2=OUT

(4)　乘除运算对标志位的影响。

① 乘除运算指令执行的结果影响算术状态位(特殊标志位)：SM1.0(零)，SM1.1(溢出)，SM1.2(负)，SM1.3(被 0 除)。

乘法运算过程中，SM1.1(溢出)被置位，就不写输出，并且所有其他的算术状态位置为0(整数乘法产生双整数指令输出不会产生溢出)。

除法运算过程中，如果 SM1.3 置位(被 0 除)，其他的算术状态位保留不变，原始输入操作数不变；如果 SM1.3 不被置位，所有有关的算术状态位都是算术操作的有效状态。

② 影响允许输出 ENO 正常工作的出错条件是：SM1.1(溢出)，SM4.3(运行时间)，0006(间接寻址错误)。

例如，乘除法指令的应用。程序运行结果如图 3-43 所示。

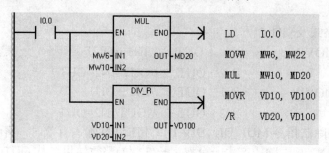

图 3-43　乘除法指令的应用梯形图

3) 增 1 减 1 计数指令

增 1 减 1 计数器用于自增、自减操作，以实现累加计数和循环控制等程序的编制。当 EN=1 时，把输入端 IN 的数据加 1 或减 1，并把结果存放到输出单元 OUT。根据操作数的数据类型，增 1 和减 1 指令可分为字节(B)、字(W)、双字(DW)增 1、减 1 指令，如图 3-44 所示。

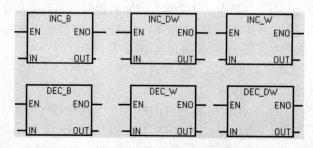

图 3-44　增 1、减 1 指令

(1) 字节增 1 减 1(INC B、DEC B)。

字节增 1 指令(INCB)：在使能输入有效时，把一个字节的无符号输入数 IN 加 1，得到一个字节的运算结果，通过 OUT 指定的存储器单元输出。

字节减 1 指令(DEC B)：在使能输入有效时，把一个字节的无符号输入数 IN 减 1，得到一个字节的运算结果，通过 OUT 指定的存储器单元输出。

(2) 字增 1 减 1(INC W、DEC W)。

字增 1(INC W)减 1(DEC W)指令：在使能输入有效时，将单字长符号输入数 IN 加 1，或者减 1，得到一个字的运算结果，通过 OUT 指定的存储器单元输出。

(3) 双字增 1 减 1(INC DW、DEC DW)。

双字增 1 减 l(INC DW、DEC DW)指令：在使能输入有效时，将双字长符号输入数 IN 加 1 或者减 1，得到双字的运算结果，通过 OUT 指定的存储器单元输出。IN、OUT 操作数的数据类型为 DINT。

这里给出一个增减操作的示例，在梯形图执行前后，MW10 和 VD100 的值如图 3-45 所示。

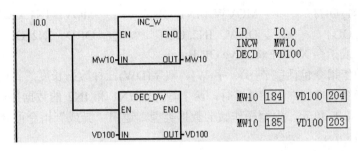

图 3-45　增减指令应用梯形图

2. 逻辑运算指令

逻辑运算是对无符号数进行的逻辑处理，主要包括逻辑与、逻辑或、逻辑异或和取反等运算指令。按操作数长度可分为字节、字和双字逻辑运算。IN1、IN2、OUT 操作数的数据类型：B、W、DW。

1) 逻辑与指令 AND(AND Byte)

逻辑与操作指令包括字节(B)、字(W)、双字(DW)三种数据长度的与操作指令。

逻辑与指令的功能：当 EN=1 时，两个输入端 IN1 和 IN2 的数据按位"与"，并将其结果存入 OUT 单元。按操作数的数据类型，逻辑"与"指令可分为字节(B)、字(W)、双字(DW)"与"指令。

LAD 指令的格式分别如图 3-46 所示。

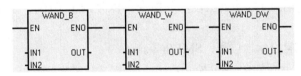

图 3-46　逻辑"与"指令的格式

STL 指令的格式分别如下：

MOVB　IN1, OUT	MOVW　IN1, OUT	MOVD　IN1, OUT
ANDB　IN2, OUT	ANDW　IN2, OUT	ANDD　IN2, OUT

2) 逻辑或指令 OR(OR Byte)

逻辑或操作指令包括字节(B)、字(W)、双字(DW)三种数据长度的或操作指令。

逻辑或指令的功能：当 EN=1 时，两个输入端 IN1 和 IN2 的数据按位"或"，并将其结果存入 OUT 单元。根据操作数的数据类型，逻辑"或"指令可分为字节(B)、字(W)、双字(DW)"或"指令。

LAD 指令的格式分别如图 3-47 所示。

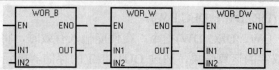

图 3-47　逻辑"或"指令的格式

STL 指令的格式分别如下：

MOVB　IN1, OUT　　　　　MOVW　IN1, OUT　　　　　MOVD IN1, OUT

ORB　IN2, OUT　　　　　　ORW　IN2, OUT　　　　　　ORD　IN2, OUT

3)　逻辑异或指令 XOR(Exclusive OR Byte)

逻辑异或操作指令包括字节(B)、字(W)、双字(DW)三种数据长度的异或操作指令。

逻辑异或指令的功能：当 EN=1 时，两个输入端 IN1 和 IN2 的数据按位"异或"，并将其结果存入 OUT 单元。根据操作数的数据类型，逻辑"异或"指令可分为字节(B)、字(W)、双字(DW)"异或"指令。

LAD 指令的格式分别如图 3-48 所示。

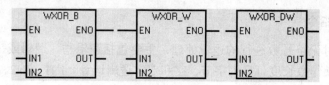

图 3-48　逻辑"异或"指令

STL 指令的格式分别如下：

MOVB　IN1, OUT　　　　　MOVW　IN1, OUT　　　　　MOVD　INI, OUT

XORB　IN2, OUT　　　　　XORW　IN2, OUT　　　　　XORD　IN2, OUT

4)　取反指令 INV(Invert)

取反指令的功能：当 EN=1 时，对输入端 IN 指定的数据按位取反，并将其结果存入 OUT 单元。根据操作数的数据类型，取反指令可以分为字节(B)、字(W)、双字(DW)"取反"指令。

逻辑运算指令影响的标志位是：SM1.0(零)。

LAD 指令的格式分别如图 3-49 所示。

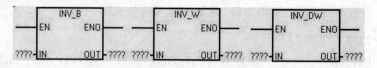

图 3-49　逻辑"取反"指令

STL 指令的格式分别为如下：

MOVB　IN, OUT　　　MOVW　IN, OUT　　　MOVD　IN, OUT

INVB　OUT　　　　　INVW　OUT　　　　　INVD　OUT

这里给出字节与、字或、双字异或、字求反操作的编程例子。其梯形图程序如图 3-50 所示。

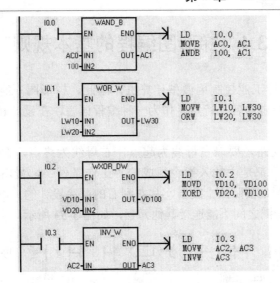

图 3-50　字节与、字或、双字异或、字求反操作的梯形图

图 3-51 为逻辑运算示例。图 3-52 为使用脉冲输出指令的梯形图程序。

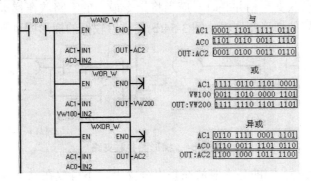

图 3-51　使用逻辑操作指令

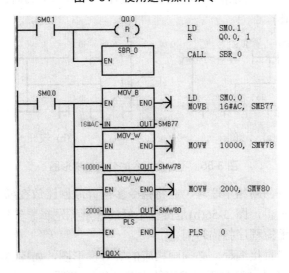

图 3-52　使用脉冲输出指令的梯形图程序

3.4　梯形图编程的基本规则

PLC 实际上是一种工业控制用微型计算机，因此，梯形图不能完全等同于电气原理图，它具有由计算机决定的若干特点。作为一种编程语言，在设计和编制梯形图程序时，应遵循下列规则。

（1）梯形图的各支路，要以左母线为起点，右母线为终点，在画图时可以省去右母线。每一行的前半部分都是由输入指令组成的"工作条件"，最右边是输出指令表达的"工作结果"。梯形图是按照从上到下、从左到右的顺序设计的，继电器线圈与右母线直接连接，在右母线与线圈之间不能连接其他元素，如图 3-53 所示。

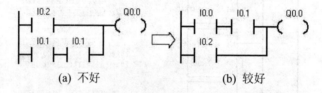

(a) 正确　　　　　　　　　　　(b) 错误

图 3-53　梯形图串联支路

（2）在有多个串联支路相并联时，应当将指令最多的支路放在梯级的最上面，例如，图 3.54(a)是排得不好的梯形图逻辑，图 3-54(b)是排得较好的梯形图逻辑。

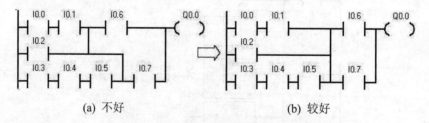

(a) 不好　　　　　　　　　　　(b) 较好

图 3-54　梯形图并联支路

（3）不包含指令(触点)的分支应放在垂直分支上，不可放在水平分支上，以便于识别输入指令组对输出指令的控制路径，图 3-55(a)按梯形图规则重画后，则成为便于编程和看清控制路径的图 3.55(b)。

(a) 不好　　　　　　　　　　　(b) 较好

图 3-55　不包含指令的分支的梯形图

（4）在有几个并联回路相串联时，应将指令多的并联回路放在梯级的左面。图 3-56(a)是排得较好的梯形图逻辑，图 3-56(b)是排得不好的梯形图逻辑。安排好的梯形图逻辑可减少程序内存占用量和缩短程序扫描时间。

（5）桥式电路不能直接编程，必须画相应的等效梯形图，如图 3-57(a)所示，图中触点 I0.5 有双向"能流"通过，这是不可编程的电路，因此必须根据逻辑功能，对该电路进行等效变换，成为可编程的电路。图 3-57(b)是对桥式电路的处理。

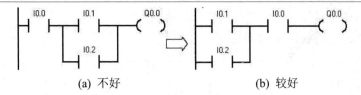

(a) 不好　　　　　　　　(b) 较好

图 3-56　梯形图并联回路的串联

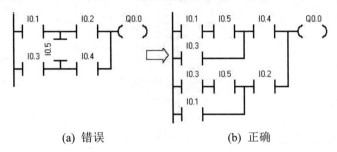

(a) 错误　　　　　　　　(b) 正确

图 3-57　桥式电路的等效梯形图

(6) 输入继电器、输出继电器、辅助继电器、定时器、计数器和状态继电器的触点可以多次使用，不受限制。

(7) 在梯形图中，每行串联的触点数和每组并联电路的并联触点数，虽然理论上没有限制，但在使用图形编程器时，受屏幕尺寸限制，每行串联触点数最好不要超过 11 个。

(8) 继电器的输入线圈是由输入点上的外部输入信号控制驱动的，因此梯形图中继电器的输入触点用来表示对应点上的输入信号。

(9) 对复杂电路的编程处理。如果电路结构复杂，用 ALD、OLD 等难以处理，可以重复使用一些触点，改画出等效电路，这样能使编程清晰明了，简便可行，不易出错。例如，图 3-58(a)所示的电路可等效变换成图 3-58(b)所示的电路。

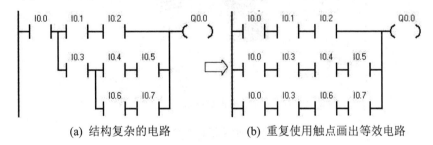

(a) 结构复杂的电路　　　　　　　(b) 重复使用触点画出等效电路

图 3-58　复杂电路的编程处理

3.5　应用举例：三相电动机点动 PLC 控制系统

1. 任务描述

本任务是安装与调试三相电动机点动 PLC 控制系统。系统控制要求如下。

(1) 起停控制。控制要求是：按下点动按钮 SB，电动机运转；松开点动按钮 SB，电动机停机。

(2) 保护措施。系统具有必要的短路保护措施。

本任务的学习过程如图 3-59 所示。

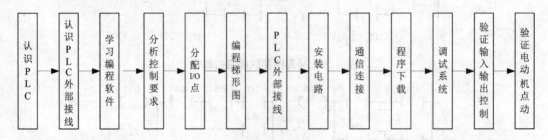

图 3-59　任务流程图

2. 任务导入

1) 工作过程与控制要求

(1) 分析控制要求。要求该系统具有电动机点动控制功能，按下启动按钮，电动机得电运转；松开按钮，电动机停止运转。

(2) 确定输入设备。根据控制要求分析，系统有 1 个输入信号：启动按钮。

(3) 确定输出设备。由项目可知，三相异步电动机的电源由接触器的主触点引入，当接触器线圈吸合时，电动机得电运转；接触器释放时，电动机失电停转。由此确定，系统的输出设备只有一个接触器，PLC 用 1 个输出点驱动该接触器的线圈即可满足要求。

PLC-电动机点动控制的工作过程如图 3-60 所示。

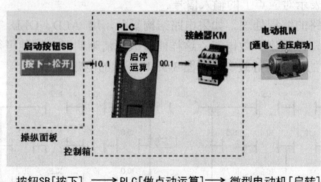

图 3-60　PLC-电动机点动工作过程示意图

2) I/O 点分配

根据确定的输入/输出设备及输入/输出点数，其输入/输出端口分配见表 3-13。

表 3-13　输入/输出设备及 I/O 点分配

输　入			输　出		
元件代号	功能	输入点	元件代号	功能	输出点
SB	点动按钮	I0.1	KM	接触器	Q0.1

3. 任务分析

电动机的点动控制要求是：按下点动按钮 SB，电动机运转；松开点动按钮 SB，电动机停机。应用 PLC 实现点动控制的线路如图 3-61 所示。

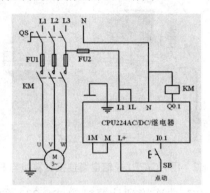

图 3-61　PLC 点动控制线路

该原理图提供的主要信息如下。

(1) 整台设备利用隔离开关 QS 作为总电源开关，拉闸之后，使设备与电源完全断开，确保设备不带电，PLC 未加装分电源开关，简化了操作过程。

(2) 主电路采用 FU1 实现短路保护，PLC 采用 FU2 实现短路保护。

4. 任务实施

1) 连接 PLC 点动控制线路

PLC 点动控制线路由主电路和控制电路组成，使用的工具和器材见表 3-14。

表 3-14　电动机点动控制元件明细表

序　号	分　类	名　称	型号规格	单　位	数　量
1	电源	三相交流电源	3~380V	处	1
2	工具	常用电工工具	螺丝刀、尖嘴钳等	套	1
3		万用表	自备	个	1
4		电动机		台	1
5		交流接触器	线圈电压 220V	个	1
5		刀开关		个	1
6		熔断器		个	4
7	设备	按钮		个	1
8		PLC	S7-200　CPU224　AC/DC RLY	台	1
9		计算机	已安装编程软件 STEP-Micro/WIN v4.0	台	1
10		编程电缆	PC/PPI 电缆(RS-232/RS-485)	条	1
11		端子排、安装木板、导轨、线槽			
12		导线	BVR-0.75mm^2	m	若干
13	耗材	U 型、针型端子		个	若干
14		号码管		个	若干

(1) 连接控制线路。断开电源，按照图 3-61 所示连接点动控制电路，点动按钮连接在 PLC 的输入端 I0.1，接触器 KM 线圈连接 PLC 输出端 Q0.1。

(2) 连接编程电缆。按图 3-62 所示进行连接。

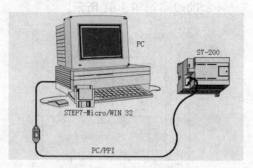

图 3-62　用 PC/PPI 通信电缆连接计算机与 PLC

① 将 PC/PPI 电缆的 PC 端连接到计算机的 RS-232 通信口上(一般是串行通信口 COM1)。如果使用的是 USB/PPI 电缆，要先安装 USB 驱动，或者电脑装驱动精灵，然后连接 USB。

② 将 PC/PPI 电缆的 PPI 端连接到 PLC 的 RS-485 通信口上。

目前 S7-200 及以上的 PLC 大多采用 PC/PPI 电缆直接与个人计算机相连。单台 PLC 与计算机的连接或通信，只需要一根 PC/PPI 电缆。在连接时，首先需要设置 PC/PPI 电缆上的 DIP 开关，该开关上的 1、2、3 位用于设定波特率，4、5 位置 0，如图 3-63 所示。

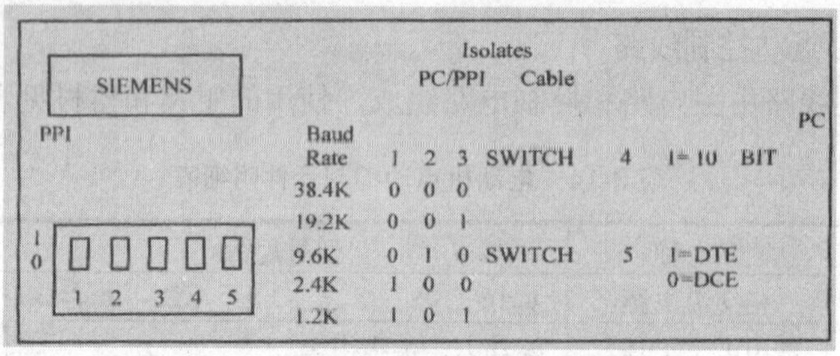

图 3-63　PC/PCI 通信电缆上的 DIP 开关

(3) 接线注意事项如下。

① 要认真核对 PLC 的电源规格。不同厂家、类型的 PLC 使用的电源可能大不相同。S7-200 系列 PLC 的额定工作电压为交流 100~240V。交流电源必须接在专用端子上，如果接在其他端子上，就会烧毁 PLC。

② 直流电源输出端 L+、M 是为外部传感器做+24V 供电的，该端子不能与其他外部 +24V 电源并接。

③ 空端子"·"上不能接线，以防损坏 PLC。

④ 接触器应选择线圈电压为交流 220V 或以下的(对应继电器输出型的 PLC)。

⑤ PLC 不要与电动机公共接地。

⑥ 在实验中，PLC 和负载可共用 220V 电源，但实际生产设备中，为了抑制干扰，常用隔离变压器(380V/220V 或 220V/220V)为 PLC 单独供电。

2) 编写点动控制程序

(1) 安装编程软件的步骤如下。

① 选择设置语言。单击 PLC 编程软件 STEP 7-Micro/
WIN v4.0 的安装软件 setup.exe，弹出"选择设置语言"对话
框，如图 3-64 所示，选择"英语"，单击"确定"按钮，弹出

图 3-64 选择安装语言

安装向导对话框，单击 Next 按钮进入认证许可界面，然后单击 Yes 按钮进入下一界面。

② 选择安装路径。选择安装路径的界面如图 3-65 所示，可单击 Browse 按钮选择想
要安装的路径，这里选默认路径，单击 Next 按钮进行安装。

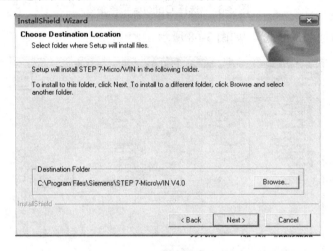

图 3-65 选择安装路径

③ 设置 PG/PC 接口。在安装的过程中，需要选择 PG/PC 接口类型，如图 3-66 所
示，选择默认的 PC/PPI cable(PPI)，单击 OK 按钮，直至安装结束。

图 3-66 设置 PG/PC 接口

(2) 从英文界面转为中文界面。

安装完软件后，双击桌面上的快捷图标 V4.0 STEP 7 MicroWIN SP3，进入编程软件的
初始界面(首次运行时其界面为英文)。从菜单栏中选择 Tools(工具)→Options(选项)命令，
如图 3-67 所示。

图 3-67　选择 Options 菜单命令

弹出 Options(选项)对话框，如图 3-68 所示。

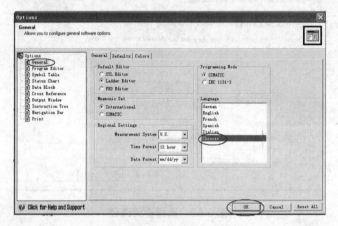

图 3-68　Options(选项)对话框

单击 Options(选项)对话框中的 General(常规)选项，在 Language(语言)列表框中选择 Chinese(中文)，单击 OK 按钮，软件自行关闭。重新启动软件后，就会显示为中文界面了，如图 3-69 所示。

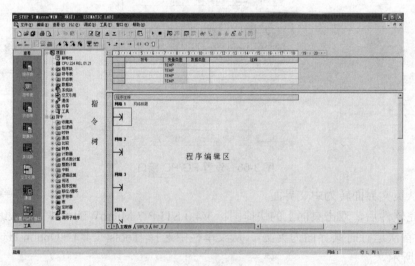

图 3-69　编程软件已经切换为中文界面

(3) 进行通信参数的设置。安装完软件并且连接好硬件之后，可以按照下面的步骤设置参数。

在 STEP 7-Micro/WIN 软件运行后，单击通信图标，或从菜单栏中选择“查看”→“组件”→“通信”命令，弹出“通信”对话框，如图 3-70 所示，本地(计算机)地址为0，远程地址(PLC)为 2。

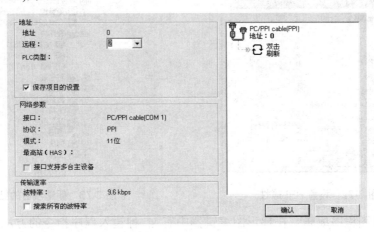

图 3-70　“通信”对话框

然后双击“双击刷新”图标，界面将如图 3-71 所示，从这个界面中可以看到，已经找到了类型为 CPU 224 CN REL 02.01 的 PLC，表明计算机已经与 PLC 建立起了通信。

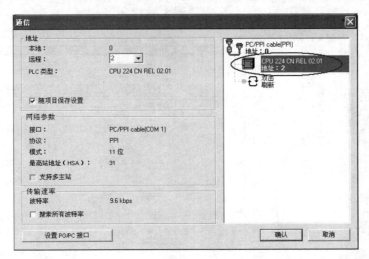

图 3-71　“通信”对话框(刷新后)

如果未能找到 PLC，可单击“设置 PG/PC 接口”按钮进入设置界面，选择 PC/PPI cable(PPI)接口，单击“属性”按钮，将出现接口属性对话框，如图 3-72 所示。检查各参数的属性是否正确。其中通信波特率默认值为 9600 波特，网络地址默认值为 0。单击“默认”按钮，再单击“确定”按钮退出。然后重新双击刷新，即可找到所连接的 PLC。如果使用的是 USB/PPI 电缆，则在图 3-72 中的“本地连接”选项卡中选择 USB。

(4) 建立和保存项目。运行编程软件 STEP 7-Micro/WIN v4.0 后，在中文主界面中选择菜单栏中的"文件"→"新建"命令，创建一个新项目。新项目包含程序块、符号表、状态表、数据块、系统块、交叉引用、通信等相关的块。其中，程序块默认一个主程序 OB1、一个子程序 SBR0 和一个中断程序 INT0，如图 3-73 所示。选择菜单栏中的"文件"→"保存"命令，将文件以项目形式保存。

图 3-72　设置 PPI 属性

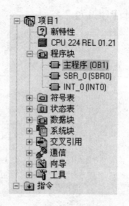

图 3-73　新建项目的结构

(5) 梯形图程序编辑。在梯形图编辑器中有 4 种输入程序指令的方法：双击指令图标、拖放指令图标、指令工具栏编辑按钮和特殊功能键(F4、F6、F9)。选中网络 1，单击指令树中的"位逻辑"图标，如图 3-74 所示。

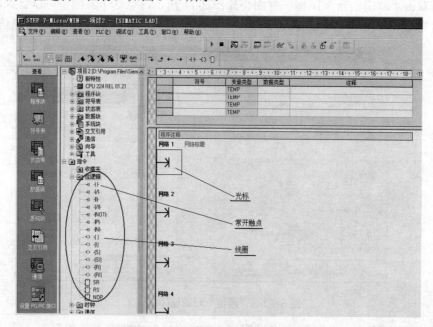

图 3-74　展开指令树中的位逻辑指令

在编写梯形图图标时，可采用如下方法。

① 双击(或拖放)常开触点图标，在网络 1 中出现常开触点符号，如图 3-75 所示。

② 在"??.?"框中输入"I0.5"，按 Enter 键，光标将会自动跳到下一列，如图 3-76 所示。

③　线圈的编辑也是这样，双击或拖放线圈图标，在"??.?"框中输入"Q0.1"，按 Enter 键，程序输入完毕，如图 3-77 所示。也可以单击工具栏中的编程按钮，输入点动控制用户程序。工具栏中的编程按钮如图 3-78 所示。

图 3-75　编辑触点

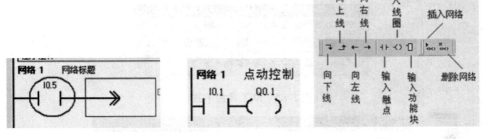

图 3-76　输入触点的文字符号　　图 3-77　编辑线圈　　图 3-78　工具栏中的编辑按钮

(6)　查看指令表。从菜单栏中选择"查看"→"STL"命令，则梯形图自动转换为指令表，如图 3-79 所示。如果熟悉指令的话，也可以在指令编辑器中编写用户程序。

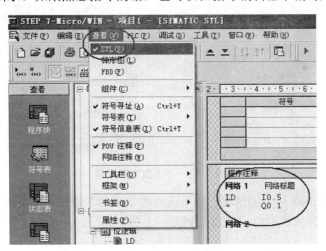

图 3-79　指令表编辑界面

(7)　进行程序编译。用户程序编辑完成后，必须编译成 PLC 能够识别的机器指令，才能下载到 PLC。从菜单栏中选择"PLC"→"编译"命令，开始编译为机器指令。编译结束后，在输出窗口中显示结果信息，如图 3-80 所示。纠正编译中出现的所有错误后，编译才能成功。

(8)　程序下载。计算机与 PLC 建立了通信连接并且编译无误后，可以将程序下载到 PLC 中。下载时，PLC 状态开关应拨到 STOP 位置或者单击工具栏中的■按钮。如果状态开关在其他位置，程序会询问是否转到 STOP 状态。

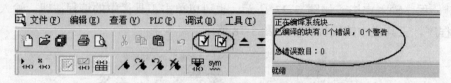

图 3-80　在输出窗口显示编译结果

如图 3-81 所示，单击工具栏中的 ⊻ 按钮，或从菜单栏中选择"文件"→"下载"命令，出现如图 3-82 所示的"下载"对话框，可以选择是否下载程序块、数据块、系统块等。单击"下载"按钮，开始下载程序。

图 3-81　从工具栏下载

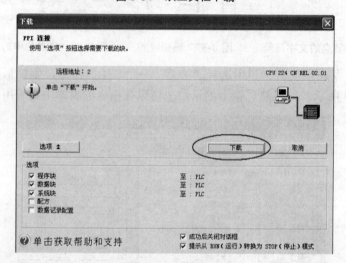

图 3-82　"下载"对话框

如果出现如图 3-83 所示的情况，则单击"改动项目"按钮，然后再下载即可。

下载是从编程计算机中将程序装入 PLC；上载则相反，是将 PLC 中存储的程序上传到计算机中。

(9)　运行操作。程序下载到 PLC 后，将 PLC 状态开关拨到 RUN 位置，或将 PLC 状态开关拨到 TEMR 位置，然后单击工具栏中的 ▶ 按钮(如图 3-84 所示)，则按下连接 I0.1 开关，输出端就会接通 Q0.1，松开此开关，Q0.1 就会断开，实现了点动控制功能。

(10)　程序运行监控。

选择菜单栏中的"调试"→"开始程序状态监控"命令，或者单击工具栏中的 🖼 按钮(如图 3-85 所示)。

未接通的触点和线圈以灰白色显示，通电的触点和线圈以蓝色块显示，并且出现 ON

字符，如图 3-86 所示。

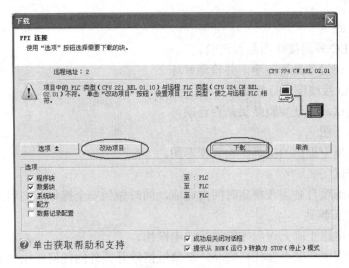

图 3-83　"下载"对话框(需要改动项目)

图 3-84　运行操作

图 3-85　程序运行监控

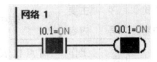

图 3-86　程序状态监控

　　至此，就完成了点动控制程序的编辑、写入、程序运行、操作和监控过程。如果需要保存程序，可从菜单栏中选择"文件"→"保存"命令，选择保存路径和文件名即可。

　　3)　实践步骤

(1)　按图 3-61 所示的电路连接 PLC 点动控制线路。

(2)　接通电源，拨状态开关于 RUN(运行)位置。

(3)　启动编程软件，单击工具栏中的停止图标■使 PLC 处于 STOP(停止)状态。

(4)　将控制程序下载到 PLC。

(5)　单击工具栏中的运行图标▶，使 PLC 处于 RUN(运行)状态。

(6)　按下按钮 SB，输入端子 I0.1 通电(I0.1 LED 亮)，输出端子 Q0.1 通电(Q0.1 LED 亮)，交流接触器 KM 通电，电动机 M 通电运行。

(7)　松开按钮 SB，输入端子 I0.1 断电(I0.1 LED 熄灭)，输出端子 Q0.1 断电(Q0.1 LED 熄灭)，交流接触器 KM 断电，电动机 M 断电停止。

5. 操作指导

1) 安装电路

(1) 检查 PLC 外围接线图是否正确。

(2) 清点实训设备是否齐全，并检测好坏。

(3) 根据 I/O 接线图进行接线。

(4) 通电调试，验证实验结果是否正确。

2) 输入梯形图

利用软件环境中提供的工具，输入梯形图。

3) 通电调试

监控系统训练项目必须在规定时间内完成，同时做到安全操作和文明生产。

4) 安全注意事项

(1) 在检查电路正确无误后才能进行通电操作。

(2) 操作过程中严禁手握任何物品，严禁触摸除开关外的任何低压电器。

(3) 严格按照操作步骤操作，通电调试操作时，必须在老师的监督下进行，严禁违规操作。

6. 任务评估

项目评分表见表 3-15。

表 3-15　项目评分表

评价内容	序号	主要内容	考核要求	评分细则	配分	扣分	得分
职业素养与操作规范（30 分）	1	工作前的准备	清点仪表、电工工具，摆放整齐，穿戴好劳动保护用品	未按要求穿戴好防护用品，扣 10 分。工作前，未清点工具、仪表、耗材等每处扣 2 分	10		
	2	操作要求	操作过程中及作业完成后保持工具、仪表、元器件、设备等摆放整齐。操作过程中无不文明行为、具有良好的职业操守，独立完成考核任务，合理解决突发事件。具有安全意识，操作符合规范要求，作业完成后清理、清扫工作现场	未关闭电源开关，用手触摸电器线路或带电进行线路连接或改接，立即终止考试，考试成绩判定为"不合格"。损坏考场设施或设备，考试成绩为"不合格"。乱摆放工具、乱丢杂物等，扣 5 分。完成任务后不清理工位，扣 5 分	20		

续表

评价 内容	序 号	主要 内容	考核要求	评分细则	配 分	扣 分	得 分
作品 (70分)	3	I/O 分配	正确完成 I/O 地址分配表	输入输出地址遗漏，每处扣 2 分。 编写不规范及错误，每处扣 1 分	5		
	4	I/O 接线	正确绘制 I/O 接线图	线图绘制错误，每处扣 2 分。 线图绘制不规范，每处扣 1 分	10		
	5	安装 接线	按 PLC 控制 I/O 接线图在模拟配线板正确安装，要求操作规范	未关闭电源开关，用手触摸电器线路或带电进行线路连接或改接，本项记 0 分。损坏元器件，总成绩为 0 分。接线不规范，造成导线损坏，每根扣 5 分。不按 I/O 接线图接线，每处扣 2 分。少接线、多接线、接线错误，每处扣 5 分	15		
	6	系统 程序 设计	根据系统要求，完成控制程序设计，程序编写正确，正确使用软件，下载 PLC 程序	不能根据系统要求完成控制程序，扣 10 分。 程序功能不正确，每处扣 3 分	20		
	7	功能 实现	根据控制要求，准确完成系统的功能演示	调试时熔断器熔断，每次扣总成绩 10 分。 功能缺失或错误，按比例扣分	20		
评分人：			核分人：		总分		

本 章 小 结

　　本章介绍了 SIMATIC 指令集所包含的基本指令、功能指令及使用方法。在基本指令中，位操作指令是最常用的，也是最重要的，是其他所有指令的基础。

　　基本逻辑指令包括基本位操作指令、置位/复位指令、立即指令、边沿脉冲指令、逻辑堆栈指令、定时器、计数器、比较指令、取反和空操作指令。这些指令是 PLC 编程的基础。要求熟练掌握这些指令在梯形图和语言表中的使用方法，尤其是定时器和计数器指令的工作原理。

　　程序控制器指令包括结束、暂停、看门狗、跳转、循环、子程序调用、顺序控制等。这类指令主要用于程序结构的优化，增强程序功能。应重点掌握顺序功能图的基本概念、构成原则和顺序功能图的绘制及顺序功能指令的用法。

　　本章还介绍了一些常用的简单控制电路梯形图，为今后的 PLC 梯形图设计打下基础，通过三相电动机点动 PLC 的例子，对 PLC 工程应用进行了简单介绍。

习　题

(1)　根据下列指令表程序，写出梯形图程序。

①

LD	I0.0
LPS	
LD	I0.0
O	I0.1
ALD	
=	Q0.0
LRD	
LD	I0.2
ON	I0.3
ALD	
=	Q0.1
LPP	
A	I1.0
A	I1.1
=	Q0.2
=	Q0.3

②

LD	I0.0
LPS	
LD	I0.1
O	I0.2
ALD	
=	Q0.0
LRD	
LD	I0.3
ON	I0.4
ALD	
=	Q0.1
LPP	
A	I0.5
AN	I0.6
=	Q0.2

(2) 根据梯形图程序，写出指令表程序。

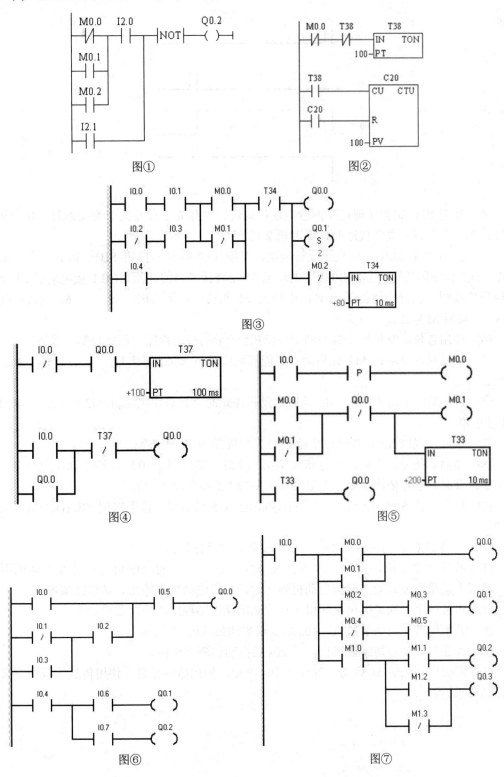

图①　　　　　　　　　　图②

图③

图④　　　　　　　　　　图⑤

图⑥　　　　　　　　　　图⑦

(3) 设计满足如下波形图的梯形图。

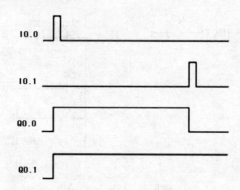

(4) 使用 PLC 编程实现控制两台电动机运转,当开关 1 和开关 2 都接通时,电动机 1 运行;当开关 1 或开关 2 接通时,电动机 2 运行。

(5) 使用 PLC 实现电动机正反转控制,其中 I0.0 接常开按钮 SB1,I0.1 接常开按钮 SB2,I0.2 接常闭按钮 SB3,Q0.0 接电动机 M 正转接触器的线圈,Q0.1 接电动机 M 反转接触器的线圈。编程实现按下 SB1,电动机 M 正转,按下 SB2,电动机 M 反转,按下 SB3,电动机 M 停止。

(6) 使用置位、复位指令编写两套电动机(两台)的控制程序,程序控制要求如下。

① 启动时,电动机 M1 先启动,才能启动电动机 M2;停止时,电动机 M1、M2 同时停止。

② 启动时,电动机 M1、M2 同时启动;停止时,只有在电动机 M2 停止时,电动机 M1 才能停止。

(7) 编程实现以 M0.0 存储一个脉宽为 2s、周期为 3s 的闪烁信号。

(8) 当启动按钮按下时,彩灯依次从第一个灯开始,每隔 0.5 秒顺序地逐个点亮;启动按钮松开时,彩灯依次从第一个灯开始,每隔 0.5 秒顺序逐个熄灭。

(9) 按下按钮 SB1(I1.0)后,报警灯(Q0.0)延时 5 秒后亮;按下按钮 SB2(I1.1)后,报警灯熄灭。

(10) 使用 PLC 控制三相异步电动机正反转,设计出梯形图。

(11) 有三台电动机,控制要求为:按 M1、M2、M3 的顺序启动;前级电动机不启动,后级电动机不能启动;前级电动机停止时,后级电动机也停止。试设计梯形图。

(12) 设计一个对锅炉鼓风机和引风机控制的梯形图程序,控制要求如下。

① 开机时首先启动引风机,10s 后自动启动鼓风机。

② 停止时,立即切断鼓风机,经 20s 后自动切断引风机。

(13) 三台电动机隔 5s 启动,各运行 10s 停止,如此循环往复,使用传送比较指令来完成控制要求。

第 4 章　PLC 应用系统的设计

本章要点

本章主要介绍 PLC 控制系统的总体设计、PLC 程序设计方法、PLC 安装和维护时应注意的问题及应用实例。

学习目标

- 建立 PLC 控制系统总体设计的思路。
- 了解 PLC 控制系统设计的基本原则。
- 掌握 PLC 的设计、编程及应用。
- 通过控制系统应用设计实例的学习，能够运用所学基本指令及功能指令进行 PLC 控制系统的设计。

4.1　PLC 系统设计的内容和步骤

对 PLC 控制系统进行设计时，必须满足工业电气控制系统规划设计的基本原则：最大限度地满足被控对象的控制要求；在满足控制要求的前提下，力求使控制系统操作简单、使用及维修方便；控制系统安全可靠，具有足够的使用寿命；必须经济。此外，考虑到生产的发展和工艺的改进，在选择控制系统设备时，设备能力应适当留有余量。

4.1.1　PLC 系统设计的原则和内容

1. 系统设计的基本原则

PLC 控制系统的总体设计原则是：根据控制任务，在最大限度地满足生产机械或生产工艺对电气控制要求的前提下，运行稳定，安全可靠，经济实用，操作简单，维护方便。

任何一个电气控制系统所要完成的控制任务，都是为满足被控对象(生产控制设备、自动化生产线、生产工艺过程等)提出的各项性能指标，提高劳动生产率，保证产品质量，减轻劳动强度或危害程度，提升自动化水平。因此，在设计 PLC 控制系统时，应遵循的基本原则如下。

1)　最大限度地满足被控对象提出的各项性能指标

为明确控制任务和控制系统应有的功能，设计人员在进行设计前，就应深入现场进行调查研究，搜集资料，与机械部分的设计人员和实际操作人员密切配合，共同拟定电气控制方案，以便协同解决在设计过程中出现的各种问题。

2)　确保控制系统的安全可靠

电气控制系统的可靠性就是生命线，不能安全、可靠工作的电气控制系统，是不可能长期投入生产运行的。尤其是在以提高产品数量和质量，保证生产安全为目标的应用场合，必须将可靠性放在首位。

3)　力求让控制系统简单

在能够满足控制要求和保证可靠工作的前提下，不失先进性，应力求使控制系统结构简单。只有结构简单的控制系统才具有经济性、实用性的特点，才能做到使用方便和维护容易。

4)　留有适当的余量

考虑到生产规模的扩大，生产工艺的改进，控制任务的增加，以及维护方便的需要，要充分利用 PLC 易于扩充的特点，在选择 PLC 的容量(包括存储器的容量、机架插槽数、I/O 点的数量等)时，应留有适当的余量。

2. 设计内容

(1)　根据被控对象的特性及用户的要求，拟定控制系统设计的技术条件和设计指标，写出详细的设计任务书，这是设计的依据。

(2)　选择电气传动形式、电动机、按钮、开关、传感器、继电器、接触器，以及电磁阀等执行机构。

(3)　选定 PLC 的型号(包括机型、容量、I/O 模块和电源等)，确定 PLC 的 I/O 点数。

(4)　分配 PLC 的 I/O 点，绘制 PLC 的 I/O 端子接线图。

(5)　根据系统要求编写软件说明书，然后进行程序设计。

(6)　重视界面的设计，增强人与机器之间的友好关系。

(7)　设计控制系统操作台、电气控制柜等，及设计安装接线图。

(8)　编写设计说明书和使用说明书等设计文档。

4.1.2　PLC 系统设计的步骤

(1)　详细了解和分析被控对象的工艺条件和控制要求，分析被控对象的机构和运行过程，明确动作的逻辑关系等。

(2)　根据被控对象对 PLC 控制系统的技术指标要求，确定所需输入/输出信号的点数，选择合适的 PLC 类型。

(3)　根据控制要求，确定输入设备按钮、选择开关、行程开关、传感器等；输出设备有继电器、接触器、指示灯、电磁阀等。设计 PLC 的 I/O 电气接口图。

(4)　编制输入/输出端子的接线图。

(5)　设计应用系统的梯形图程序。

(6)　将程序输入 PLC。用编程器将梯形图转换成相应的指令并输入到 PLC 中；当使用计算机编程时，可将程序下载到 PLC 中。

(7)　程序调试。PLC 连接到现场设备之前，先进行模拟调试，然后再进行系统调试，排除程序中的错误。

(8)　程序模拟调试通过后，可接入现场实际控制系统与 I/O 设备，进行整个系统的联机调试，如不满足要求，再修改程序或检查更改接线，直至调试成功。

(9)　编写技术文件。技术文件包括功能说明书、电气接口图、电气原理图、电器布置图、电气元件明细表、PLC 梯形图、故障分析及排除方法等。

4.2 PLC 的硬件与软件设计

4.2.1 PLC 的硬件设计

1. PLC 机型的选择

在工程设计选型和估算时，应详细分析工艺过程的控制要求，明确控制任务和范围，确定所需的操作和动作；然后根据控制要求估算输入输出点数、所需存储器的容量，确定 PLC 的功能、外部设备的选件等；最后选择有较高性价比的 PLC 和相应的控制系统。

PLC 的生产厂家和品种很多，其中著名的厂商有美国的 ABB 公司、通用电气公司等。欧洲有德国的西门子(SIEMENS)公司、法国的 TE 公司等。日本有欧姆龙(OMRON)、三菱(MITSUBISHI)、富士(FUJI)、松下(PANASONIC)等公司。韩国有 LG 公司。目前国内也已经自行研制、开发、生产出许多小型 PLC，应用于工厂的自动化控制系统中。

1) 系统规模

首先应确定系统所用 PLC 是单机控制，还是用 PLC 形成网络，由此计算 PLC 的输入、输出点数，并且在选购 PLC 时，要在实际需要点数的基础上留有一定余量(10%)。然后列出被控对象输入输出的设备名称，并根据所带的输入输出点数进行统计，在统计时，应考虑为了控制的要求而增加的一些开关、按钮或报警的信号，例如，增加总的供电开关、为手动需要而增加的手动自动开关、为联锁需要设置的联锁、非联锁开关等。80 点以内的系统选用不需扩展模块的 PLC 单机。当系统较大时，就要扩展。不同公司的产品，对系统总点数及扩展模块的数量都有限制，当扩展仍不能满足要求时，可采用网络结构；同时，有些厂家产品的个别指令不支持扩展模块，因此，在进行软件编制时要注意。

各公司的扩展模块种类很多，如单输入模块、单输出模块、输入输出模块、温度模块、高速输入模块等。PLC 的这种模块化设计为用户的产品开发提供了方便。

2) 确定负载类型

根据 PLC 输出端所带负载是直流型还是交流型，是大电流还是小电流，以及 PLC 输出点动作的频率等，确定输出端采用继电器输出，还是晶体管输出，或是晶闸管输出。不同的负载选用不同的输出方式，对系统的稳定运行是很重要的。

输出回路中的输出方式：继电器输出适用于不同公共点间带不同交、直流负载，电流达 2A/点的情形；晶体管输出适用于高频动作，响应时间为 0.2ms 的情形，同一公共点间带直流负载；晶闸管输出适合于高频动作的情形，同一公共点间带交流负载。

不同的 PLC 产品，其 COM 点的数量是不一样的，有的一个 COM 点带 8 个输出点，有的带 4 个输出点，也有带 2 个或 1 个输出点的。当负载的种类多且电流大时，采用一个 COM 点带 1~2 个输出点的 PLC 产品；当负载数量多而种类少时，采用一个 COM 点带 4~8 个输出点的 PLC 产品，这样会给电路设计带来很多方便。

2. 存储容量与速度

尽管国外各厂家的 PLC 产品大体相同，但也有一定的区别。目前还未发现各公司之间有完全兼容的产品。各个公司的开发软件都不相同，而用户程序的存储容量和指令的执行速度是两个重要指标。一般存储容量越大、速度越快的 PLC，价格就越高，但应该根据系统的大小合理选用 PLC 产品。

存储器容量和程序容量是有区别的。存储器容量是 PLC 本身能提供的硬件存储单元的大小。程序容量是在存储器中用户可以使用的存储单元的大小。因此，程序容量总是小于存储器容量的。由于在设计阶段，所需的程序还未编制，因此，程序容量在设计阶段是不知道的，程序容量需要在程序进行调试完成后才能知道。为了在设计时对程序容量有一定的估算，通常采用存储器容量的估算来代替。估算公式为：

$$存储器容量 = 程序容量的 1.1~1.2 倍$$

程序容量的估算与输入输出点数、运算处理量、程序结构、控制要求等因素有关。通常，可以采用下列几种估算方法。

1) 根据输入输出点数的经验估算方法

经验估算方法是根据每个功能器件类型和输入输出点数统计所需程序的容量。

开关量输入：10~20B/点。

开关量输出：5~10B/点。

定时器(计数器)：2B/个。

寄存器：1B/个。

模拟量输入：100B/点。

模拟量输出：200B/点。

与计算机接口：300B/个。

模拟量的内存是按小于 10 个模拟量总点数估算的，如总点数大于 10 点，应适当加大内存估算的字节数；反之，可适当减小内存估算的字节数。

开关量输入点数与开关量输出点数之比一般可按 3：2 估算。开关量的估计值根据应用规模确定，对规模较大的应用场合，可选用较小的估计值。

2) 根据控制要求难易程度的估算方法

这种估算方法的估算公式为：

$$程序容量 ＝K × 总输入输出点数$$

简单控制系统中 K=6；普通系统中 K=8；较复杂系统中 K=10；复杂系统中 K=12。

3) 根据原有继电器的数量进行估算的方法

在改造时，对原有的继电器控制系统，以 PLC 代替时，可采用本估算方法，即平均按每个继电器有一个线圈和 6 个接点，每步按 1~2 个字节估算，因此，可按每个继电器用 9 个字节估算。

对小型的 PLC，通常产品的输入输出点数固定，而考虑到它的应用场合一般较简单，所以，所提供存储器的容量常有一定余量。对由用户确定输入输出板或卡件数量的场合，才需估算存储器容量。

3. 编程器的选购

PLC 编程可采用三种方式。

(1) 用普通的手持编程器编程。这种方式只能用商家规定语句表中的语句编程，所以效率比较低，但对于系统容量小、用量小的产品比较适宜，并且体积小，易于现场调试，造价也较低。

(2) 用图形编程器编程。该编程器采用梯形图编程，方便直观，一般的电气人员短期内就可应用自如，但该编程器价格较高。

(3) 用 IBM 个人计算机加 PLC 软件包编程。这是效率最高的一种方式，但大部分公司的 PLC 开发软件包价格较高，并且该方式不易于现场调试。因此，应根据系统的大小与难易、开发周期的长短以及资金的情况合理选购 PLC 产品。

由于大公司的产品质量有保障，技术支持好，一般售后服务也较好，还有利于产品的扩展与软件升级，所以应尽量选用大公司的产品。

4.2.2　PLC 的软件设计

1. 系统设计的基本步骤

1) 确定设计任务书

(1) 被控对象就是受控的机械、电气设备，以及生产线或生产过程。

(2) 控制要求主要指控制的基本方式、应完成的动作、自动工作循环的组成、必要保护和联锁等。

2) 确定 I/O 设备

根据被控对象对 PLC 控制系统的功能要求，确定系统所需的用户输入、输出设备。常用的输入设备有按钮、选择开关、行程开关、传感器等，常用的输出设备有继电器、接触器、指示灯、电磁阀等。

3) 选择合适的 PLC 类型

根据已确定的用户 I/O 设备、统计所需的输入信号和输出信号的点数，选择合适的 PLC 类型，包括机型的选择、容量的选择、I/O 模块的选择、电源模块的选择等。

4) 编制 PLC 的输入/输出分配表

分配 PLC 的输入输出点，编制出 I/O 分配表或者画出 I/O 端子的接线图。接着就可以进行 PLC 程序设计了，同时可进行控制柜或操作台的设计和现场施工。

5) 对系统任务分块

分块的目的，就是把一个复杂的工程分解成多个比较简单的小任务，这样就把一个复杂的大问题化为多个简单的小问题，便于编制程序。

6) 绘制各种电路图

完成各种电路图的绘制。

7) 编制控制系统的逻辑关系图

从逻辑关系图上，可以反映出某一逻辑关系的结果是什么，一个结果又应该导出哪些动作。这个逻辑关系可以是各个控制过程中的控制作用及被控对象的活动，也反映了输入与输出的关系。

8) 设计应用系统梯形图程序

根据工作功能图表或状态流程图等设计出梯形图，即编程。这一步是整个应用系统设计最核心的工作，也是较困难的一步，要设计好梯形图，首先要十分熟悉控制要求，同时还要有一定的电气设计实践经验。

9) 将程序输入 PLC

当使用简易编程器将程序输入 PLC 时，需要先将梯形图转换成指令助记符，以便输入。当使用 PLC 的辅助编程软件在计算机上编程时，可通过上下位机的连接电缆将程序下载到 PLC 中去。

10) 进行软件测试

程序输入 PLC 后，应先进行测试工作。因为在程序设计过程中，难免会有疏漏的地方。因此在将 PLC 连接到现场设备上去之前，必须进行软件测试，以排除程序中的错误，同时，也为整体调试打好基础，缩短整体调试的周期。

11) 应用系统整体测试

在 PLC 软硬件设计和控制柜及现场施工完成后，就可以进行整个系统的联机调试了。如果控制系统是由几个部分组成的，则应先做局部调试，然后再进行整体调试；如果控制程序的步骤较多，则可先进行分段调试，然后再连接起来总调。对于调试中发现的问题，要逐一排除，直至调试成功。

12) 编制技术文件

系统技术文件包括说明书、电气原理图、电器布置图、电气元件明细表，以及 PLC 梯形图。

4.3　PLC 程序的设计方法

在了解了 PLC 程序的结构之后，就要具体地编制程序了。编制 PLC 控制程序的方法很多，这里主要介绍几种典型的编程方法。

4.3.1　图解法编程

图解法是靠画图进行 PLC 程序设计。常见的主要有梯形图法、逻辑流程图法、时序流程图法和步进顺控法。

1. 梯形图法

梯形图法是用梯形图语言去编制 PLC 程序，如图 4-1 所示。这是一种模仿继电器控制系统的编程方法，其图形甚至元件名称都与继电器控制电路十分相似。这种方法很容易地就可以把原继电器控制电路移植成 PLC 的梯形图语言。这对于熟悉继电器控制的人来说，是最方便的一种编程方法。

2. 逻辑流程图法

逻辑流程图法，是用逻辑框图表示 PLC 程序的执行过程，反映输入与输出的关系，如图 4-2 所示。逻辑流程图会使整个程序脉络清楚，便于分析控制程序，查找故障点及调试程序和维修程序。有时，对一个复杂的程序，直接用语句表和用梯形图编程可能觉得难以下手，则可以先画出逻辑流程图，再为逻辑流程图的各个部分用语句表和梯形图编制 PLC 应用程序。

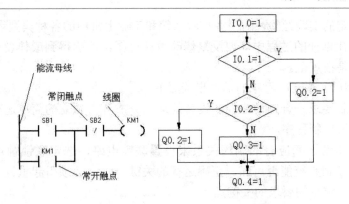

图 4-1　梯形图法编程　　　图 4-2　逻辑流程图法

3. 时序流程图法

时序流程图法是首先画出控制系统的时序图(即到某一个时间应该进行哪项控制的控制时序图)，如图 4-3 所示，再根据时序关系画出对应的控制任务的程序框图，最后把程序框图写成 PLC 程序。时序流程图法很适合于以时间为基准的控制系统的编程。

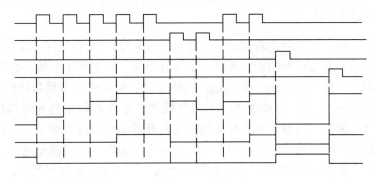

图 4-3　时序流程图法

4. 步进顺控法

步进顺控法是在顺控指令的配合下设计复杂的控制程序。一般比较复杂的程序都可以分成若干个功能比较简单的程序段，一个程序段可以看成整个控制过程中的一步。从这个角度看，一个复杂系统的控制过程是由这样若干个步组成的。系统控制的任务，实际上可以认为是在不同时刻或者在不同进程中去完成对各个步的控制。为此，不少 PLC 生产厂家在自己的 PLC 中增加了步进顺控指令。在画完各个步进的状态流程图后，可以利用步进顺控指令方便地编写控制程序。

4.3.2　经验设计法

经验设计法是根据生产机械的工艺要求和生产过程，选择适当的基本环节或典型电路综合而成的电气控制电路。依靠经验进行选择、组合，直接设计电气控制系统，来满足生产机械和工艺过程的控制要求。

一般不太复杂的电气控制电路都可以按照这种方法进行设计，比较简便、快捷。然而，由于这种方法主要是依靠设计人员的经验进行设计，所以对设计人员的要求比较高，要求设计者有一定的实践经验，对工业控制系统和工业上常用的各种典型环节比较熟悉。

经验设计法在设计的过程中需要反复修改设计草图，才能得到最佳设计方案，所以设计的结果往往不是很规范。

用经验设计法设计 PLC 程序的基本步骤如下。

(1) 根据控制要求，合理地将控制设备的运动分成各自独立的简单运动，分别设计这些简单运动的基本控制程序。

(2) 按照各运动之间应有的制约关系来设置联锁电路，选定联锁触点，设计联锁程序。这是关系到控制系统能否可靠、正确运行的关键一步，必须引起重视。对于复杂的控制要求，要注意确定总的要求的关键点。

(3) 按照维持运动的进行和转换的需要，选择合适的控制方法，设置主令元件、检测元件以及继电器等。

(4) 在绘制好关键点的梯形图的基础上，针对系统最终的输出进行梯形图的编绘，使用关键点综合出最终输出的控制要求。

(5) 设置好必要的保护装置。

4.3.3 逻辑设计法

所谓逻辑设计法，是利用逻辑代数这一数学工具来设计 PLC 程序。这种设计方法既有严密可循的规律性和明确可行的设计步骤，又具有简便、直观和十分规范的特点。

逻辑设计方法的理论基础是逻辑代数，而继电器控制系统的本质是逻辑电路。从机械设备的生产工艺要求出发，将控制电路中的接触器、继电器等电器元件线圈的通电与断电，触点的闭合与断开，以及主令元件的接通与断开等均看成逻辑变量，PLC 是一种新型的工业控制计算机，可以说，PLC 是"与"、"或"、非"三种逻辑电路的组合体。

PLC 的梯形图程序的基本形式是"与"、"或"、"非"的逻辑组合，它的工作方式及其规律完全符合逻辑运算的基本规律。用变量及其函数只有 0 和 1 两种取值的逻辑代数作为研究 PLC 程序的工具，就是顺理成章的事情了。采用逻辑设计法所编写的程序便于优化，是一种实用、可靠的程序设计方法。

用逻辑设计法设计 PLC 程序的基本步骤如下。

(1) 根据控制要求列出逻辑代数表达式。

(2) 对逻辑代数式进行化简。

(3) 根据化简后的逻辑代数表达式画梯形图。

4.4 应 用 举 例

4.4.1 交通灯控制系统

1. 确定设计任务书

本设计主要实现对十字路口的东西向和南北向交通灯的有序控制。

2. 确定外围 I/O 设备

本设计使用东西向和南北向的指示灯共 6 盏。

3. 选定 PLC 的型号

选用的 PLC 是西门子公司的 S7-200 系列小型 PLC——CPU222。

4. 编制 PLC 的 I/O 分配表

PLC 的 I/O 分配如表 4-1 所示。

表 4-1　I/O 分配

地　址	说　明	功　能
6 路数字输出		
Q0.0	绿灯	控制东西向的绿灯
Q0.1	黄灯	控制东西向的黄灯
Q0.2	红灯	控制东西向的红灯
Q0.3	绿灯	控制南北向的绿灯
Q0.4	黄灯	控制南北向的黄灯
Q0.5	红灯	控制南北向的红灯
1 路数字输入		
I0.0	开关	电源开关

5. 交通灯硬件控制图

交通灯硬件控制如图 4-4、图 4-5 所示。

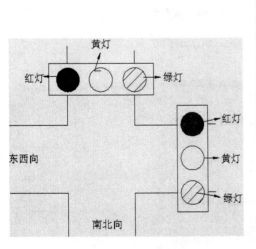

图 4-4　交通灯控制

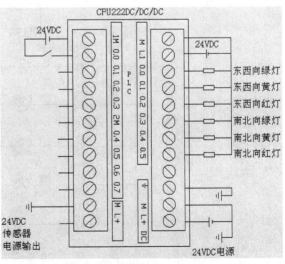

图 4-5　交通灯的 PLC 接线图

6. 交通灯控制流程图

交通灯控制流程图如图 4-6 所示。

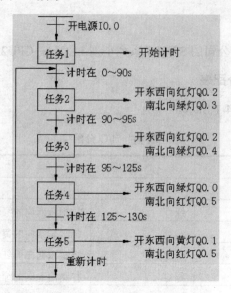

图 4-6　交通灯控制流程图

7. 交通灯逻辑控制图

交通灯逻辑控制图如图 4-7 所示。

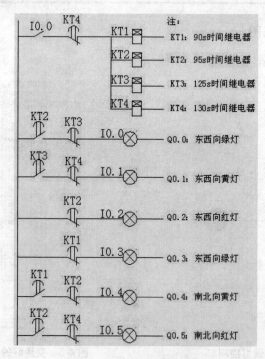

图 4-7　交通灯逻辑控制图

8. 交通时序图

交通时序图如图 4-8 所示。

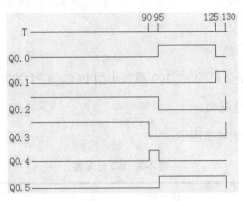

图 4-8　交通灯时序图(单位 s)

9. 编程

按下"启动"键，则系统开始计时，以一时间段的时间为周期循环。在不同的时间范围内，开启不同的灯，周而复始。

程序如图 4-9 所示。

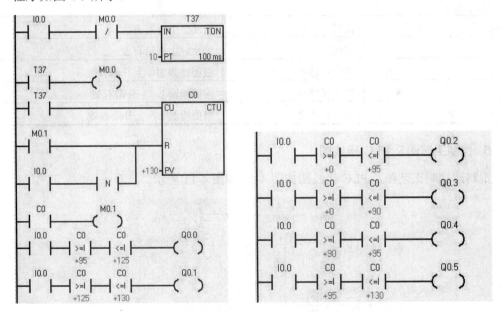

图 4-9　交通灯梯形图

4.4.2　混料罐控制系统

1. 确定设计任务书

本设计主要实现对混料罐的加料、混料和出料的控制。

2. 确定外围 I/O 设备

本设计使用液位 H、I、L 三个传感器,控制液体 1、液体 2 的进入和混合液排出的三个电磁阀门,及搅拌机的启停。

3. 选定 PLC 的型号

选用的 PLC 是西门子公司的 S7-200 系列小型 PLC:CPU2220。

4. 编制 PLC 的 I/O 分配表

PLC 的 I/O 分配表如表 4-2 所示。

表 4-2　I/O 分配表

地　址	说　明	功　能
4 路数字输出		
Q0.0	电磁阀	控制液体 1 的进料
Q0.1	电磁阀	控制液体 2 的进料
Q0.2	电磁阀	控制混合液的出料
Q0.3	电动机	控制搅拌机的启停
5 路数字输入		
I0.0	按钮	启动,上升沿有效
I0.1	按钮	停止,上升沿有效
I0.2	液位传感器	液面检测 H,上升沿有效
I0.3	液位传感器	液面检测 I,上升沿有效
I0.4	液位传感器	液面检测 L,上升沿有效

5. 控制工艺图及 PLC 接线图

混料罐控制工艺图及 PLC 接线图如图 4-10 和图 4-11 所示。

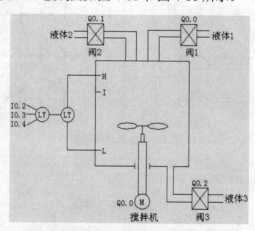

图 4-10　混料罐带控制点工艺图

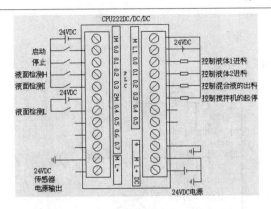

图 4-11　混料罐控制 PLC 接线图

6. 混料罐控制流程图

混料罐控制流程图如图 4-12 所示。

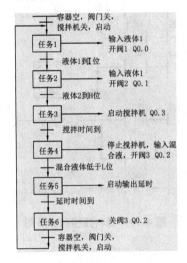

图 4-12　混料罐控制流程图

7. 混料罐逻辑控制图

混料罐逻辑控制图如图 4-13 所示。

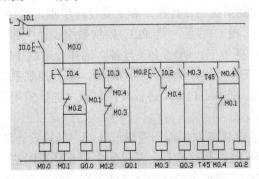

图 4-13　混料罐逻辑控制图

8. 编程

编写程序，如图 4-14 所示。

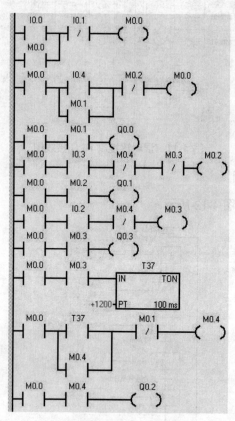

图 4-14   混料罐控制梯形图

本 章 小 结

PLC 控制系统的应用设计是学习 PLC 的核心和目的，系统设计是应用设计的关键。

本章介绍了 PLC 控制系统的设计原则和主要设计步骤，包括 PLC 的硬件设计和软件设计。选择合适的机型和 PLC 容量，是 PLC 控制系统设计中相当重要的环节。系统设计的基本步骤是：确定设计任务书，确定 I/O 设备，选择合适的 PLC 类型，编制 PLC 的输入/输出分配表，对系统任务分块，绘制各种电路图，编制控制系统的逻辑关系图，设计应用系统梯形图程序，将程序输入 PLC，进行软件测试，进行应用系统整体测试，编制技术文件。

PLC 程序设计方法包括图解法编程、逻辑设计法、经验设计法。

图解法是靠画图进行 PLC 程序设计。常见的主要有梯形图法、逻辑流程图法、时序流程图法和步进顺控法。PLC 梯形图的经验设计法是在一些典型电路的基础上，根据被控对象对控制系统的具体要求，不断地修改和完善梯形图，同时增加一些中间编程元件和触点，最后才能得到一个较为满意的 PLC 控制程序。

　　PLC 梯形图的逻辑设计法的理论基础是逻辑代数。逻辑设计法是在明确控制任务和控制要求的同时，通过分析工艺过程，绘制工作循环和检测元件分布图，取得电气元件执行功能表和电控系统的状态转换表，接着进行电控系统的逻辑设计，包括列写中间记忆元件的逻辑函数式和列写执行元件(输出端点)的逻辑函数式两个内容，再将逻辑设计结果转化为 PLC 程序。

　　本章最后通过交通灯控制系统和混料罐控制系统应用的实例，对控制系统的设计进行了说明。

习　　题

　　(1)　简述 PLC 系统设计的基本原则。

　　(2)　如何进行 PLC 机型选择？

　　(3)　简述 PLC 控制系统的一般设计步骤。

　　(4)　简述 PLC 程序设计的几种典型编程方法。

　　(5)　有三台电动机，要求启动时每隔 2min 依次启动一台，每台运行 10min 后自动停机，运行中还可以用手按停止按钮让三台电动机同时停机。试设计 PLC 控制程序。

　　(6)　设计一个智力竞赛抢答控制程序，控制要求为：①当某竞赛者抢先按下按钮时，该竞赛者桌上的指示灯亮。竞赛者共三人；②指示灯亮后，主持人按下复位按钮后，指示灯熄灭。

第 5 章　触摸屏基础

本章要点

本章以西门子触摸屏为对象，简单介绍触摸屏的基本功能，以及触摸屏的发展趋势、基本组成和主要性能指标。

学习目标

- 了解触摸屏的组成及工作原理。
- 了解触摸屏的发展趋势。

5.1　人机界面的概述

触摸屏是人机交互的窗口，使用者只要用手指轻轻地触摸荧屏上的图形或文字符号，就能实现对机器的操作和显示控制信息，目前广泛应用于各类工业控制设备中。

人机界面(Human Machine Interface，HMI)又称人机接口。西门子公司将人机界面装置统称为 HMI 设备。

人机界面可以承担下列任务。

(1) 过程可视化。在人机界面上动态显示过程数据(即 PLC 采集的现场数据)。

(2) 操作员对过程的控制。操作员通过图形界面来控制过程。如操作员可以用触摸屏画面上的输入域来修改系统的参数，或者用画面上的按钮来启动电动机等。

(3) 显示报警。过程的临界状态会自动触发报警，如当变量超出设定值时。

(4) 记录功能。顺序记录过程值和报警信息，用户可以检索以前的生产数据。

(5) 输出过程值和报警记录。如可以在某一轮班结束时打印输出生产报表。

(6) 过程和设备的参数管理。将过程和设备的参数存储在配方中，可以一次性将这些参数从人机界面下载到 PLC，以便改变产品的品种。

5.2　人机界面的功能

人机界面最基本的功能是显示现场设备(通常是 PLC)中开关量的状态和寄存器中数字变量的值，用监控画面向 PLC 发出开关量命令，并修改 PLC 寄存器中的参数。

1. 对监控画面组态

"组态"(configure)一词有配置和参数设置的意思。

人机界面用个人计算机上运行的组态软件来生成满足用户要求的监控画面，用画面中的图形对象来实现其功能，用项目来管理这些画面。

使用组态软件，可以很容易地生成人机界面的画面，用文字或图形动态地显示 PLC 中开关量的状态和数字量的数值。通过各种输入方式，将操作人员的开关量命令和数字量设定值传送到 PLC。画面的生成是可视化的，一般不需要用户编程，组态软件的使用简单方便，且容易掌握。

在画面中生成图形对象后，只需要将图形对象与 PLC 中的存储器地址联系起来，就可以实现控制系统运行时 PLC 与人机界面之间的自动数据交换。

2. 人机界面的通信功能

人机界面具有很强的通信功能，配备有多个通信接口，可使用各种通信接口和通信协议，人机界面能与各主要生产厂家的 PLC 通信，还可以与运行组态软件的计算机通信。

通信接口的个数和种类与人机界面的型号有关。用得最多的是 RS232C 和 RS-422/485 串行通信接口，有的人机界面配备有 USB 或以太网接口，有的可以通过调制解调器进行远程通信。西门子人机界面的 RS-485 接口可以使用 MPUPROFIBUS-DP 通信协议。有的人机界面还可以实现一台触摸屏与多台 PLC 通信，或多台触摸屏与一台 PLC 通信。

3. 编译和下载项目文件

编译项目文件，是指将建立的画面及设置的信息转换成人机界面可以执行的文件。编译成功后，需要将组态计算机中的可执行文件下载到人机界面的 Flash EPROM(闪存)中，这种数据传送称为下载。为此，首先应在组态软件中选择通信协议，设置计算机侧的通信参数，同时，还应通过人机界面上的 DIP 开关或画面上的菜单设置人机界面的通信参数。

4. 运行阶段

在控制系统运行时，人机界面和 PLC 之间通过通信来交换信息，从而实现人机界面的各种功能。不需要为 PLC 或人机界面的通信编程，只需要在组态软件中和人机界面中设置通信参数，就可以实现人机界面与 PLC 之间的通信了。

5.3 西门子人机界面设备简介

现在的人机界面几乎都使用液晶显示屏，小尺寸的人机界面只能显示数字和字符，称为文本显示器，大一些的可以显示点阵组成的图形。显示器的颜色有单色、4 色、8 色、16 色、256 色或者更多色彩。西门子有丰富的人机界面产品，图 5-1 为西门子人机界面设备分类图。

1. 文本显示器

文本显示器(Text Display，TD)是一种价格便宜的单色操作员界面，一般只能显示几行数字、字母、符号和文字。

1) TD200

TD200 是为 S7-200 PLC 量身定做的小型监视设备，用 S7-200 PLC 的编程软件 STEP 7 -Micro/WIN 来组态。通过 S7-200 供电，显示 2 行，每行 20 个字符或 10 个汉字，有 4 个可编程的功能键，5 个系统键，DC 24V 电源的额定电流为 120mA。

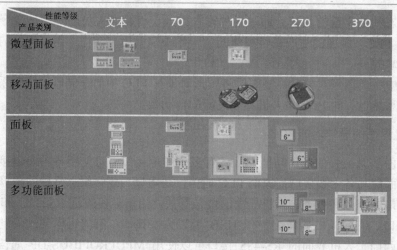

图 5-1 西门子人机界面设备

2) TD200C

TD200C 如图 5-2 所示，它具有标准 TD200 的基本操作功能，另外还增加了一些新的功能。TD200C 为用户提供了非常灵活的键盘布置和面板设计功能。用 S7-200 的编程软件 STEP 7-Micro/WIN 来组态。

3) TD400C

TD400C(如图 5-3 所示)是新一代文本显示器，完全支持西门子 S7-200 PLC，4 行中文文本显示，与 S7-200 PLC 通过 PPI 高速通信，速率可达到 187.5kb/s，STEP 7-Micro/WIN 4.0 SP4 中文版组态时，HMI 程序存储于 PLC，无须单独下载，便于维护。

图 5-2 文本显示器 TD200C

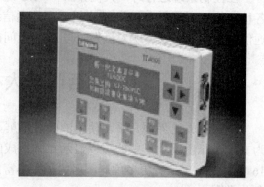

图 5-3 文本显示器 TD400C

2. 微型面板

TP070、TP170 micro、TP177 micro 和 K-TP178 micro 都是专门用于 S7-200 的 5.7in 的 STL-LCD，有 4 种蓝色色调，有 CCFL 背光，320×240 像素，通信接口均为 RS-485。支持的图形对象有位图、图标或背景图片，有软件实时时钟，可以使用的动态对象为棒图，如图 5-4 所示。

(a) TP070

(b) TP170micro

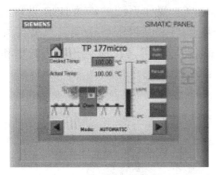

(c) TP178 micro

(d) K-TP178 micro

图 5-4　微型面板

3. 触摸屏

触摸屏(Touch Panel，TP)包括 TP170A、TP170B 和 TP270，如图 5-5 所示。

TP177、TP170

TP270

图 5-5　触摸屏

它们都使用 Microsoft Windows CE 3.0 操作系统。可用于 S7 系列 PLC 和其他主要生产厂家的 PLC，用组态软件 WinCC flexible 来组态。它们有 5 种在线语言，可以使用 MPI/PROFIBUS-DP 通信协议。

(1) TP170A 是用于 S7 系列 PLC 的简单任务的经济型触摸屏，采用 5.7in 蓝色 STN-LCD，4 级灰度，支持位图、图标和背景图画，动态对象有棒图，有一个 RS-232 接口和一个 RS-422/485 接口。

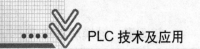

(2) TP170B 采用 5.7in、蓝色或 16 色 STN-LCD，有 2 个 RS-232 接口、1 个 RS-422/485 接口和 1 个 CF 卡插槽，支持位图、图标、背景图画和矢量图形对象，动态对象有图表、柱形图和隐藏按钮，有配方功能。

(3) TP270 采用 5.7in 或 10.4in 256 色 STN 触摸屏，通过改进的显示技术，提高了亮度。可以通过 CF 卡、MPI 和可选的以太网接口备份或恢复。可以远程下载、上载组态和进行硬件升级。有 2 个 RS-232 接口、1 个 RS-422/485 接口和 1 个 CF 卡插槽，可以通过 USB、RS-232 串口和以太网接口驱动打印机。

4. 移动面板

移动面板 Mobile Panel 170 是基于 Windows CE 操作系统的移动 HMI 设备，它有一个串口和一个 MPI/PROFIBUS-DP 接口，两个接口都可以用于传送项目，具有棒图、趋势图、调度器、打印、带缓冲的报警和配方管理功能，用 CF 卡备份配方数据和项目。如图 5-6 所示为 Mobile Panel 170 移动面板。

图 5-6　Mobile Panel 170 移动面板

5. 操作员面板

OP170B 操作员面板(Operator Panel，OP)(见图 5-7)基于 Windows CE 操作系统，采用 320×240 像素，5.7in 的蓝色 STN-LCD，有 24 个功能键，其中 18 个带 LED。有两个 RS-232 接口、一个 RS-422/485 接口和一个 CF 卡插槽，可以连接其他品牌的 PLC。

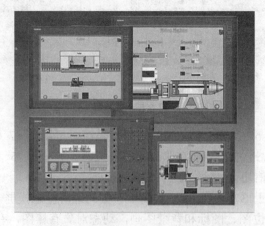

图 5-7　OP170B、OP177B 操作员面板

OP170B 支持位图、图标、背景图形和矢量图形对象，动态对象有图表、柱形图和隐藏按钮，具有配方功能。

6. 多功能面板

多功能面板(Multi Panel，MP)是性能最高的人机界面，其突出特点是高性能、具有开放性和可扩展性。

多功能面板采用 Windows CE v3.0 操作系统，用 WinCC flexible 组态，用于高标准的复杂机器的可视化，可以使用 256 色矢量图形显示功能、图形库和动画功能。它有过程值和信息归档功能、曲线图功能和在线语言选择功能。

如图 5-8 所示为 MP370 多功能面板。

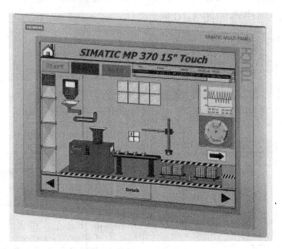

图 5-8　MP370 多功能面板

MP 系列多功能面板有两个 RS-232 接口、RS-422/485 接口、USB 接口和 RJ-45 以太网接口，RS-485 接口可以使用 MPI、PROFIBUS-DP 协议，还可以通过各种通信接口传送组态。而距离较长时，可以用调制解调器、SIMATIC TeleService 或 Internet，通过 WinCC flexible 的 SmartService 进行传输。此外，它还有 PC 卡插槽和 CF 卡插槽。

5.4　应用举例：用触摸屏实现电动机启动/停止控制

本项目通过一个电动机启动/停止控制项目，了解人机界面与触摸屏的原理和西门子人机界面的硬件，熟悉 WinCC flexible 的安装以及触摸屏的组态与运行过程。

1. 项目描述

1)　项目要求

项目控制要求：某设备要求使用触摸屏和按钮都可以实现对电动机的启动/停止控制。

2)　项目流程

本项目通过一个电动机启动/停止控制项目，认识触摸屏与组态软件，学习 WinCC flexible 基本组态技术的应用。项目流程图如图 5-9 所示。

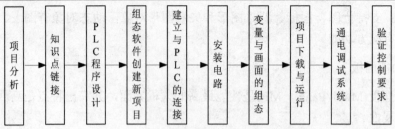

图 5-9　项目流程图

2. 项目导入

某设备要求使用触摸屏和按钮都可以实现对电动机的启动/停止控制，并由指示灯监控电动机的运行状态，控制线路如图 5-10 所示。

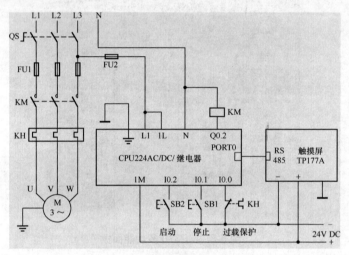

图 5-10　电动机的启动/停止控制电路

3. 项目分析

(1) 电动机有两种控制方式，PLC 控制和触摸屏控制。

(2) PLC 硬件接线、通信连接必须正确。

(3) 编写 PLC 程序，设置 PLC 的波特率与触摸屏波特率一致，将程序下载到 PLC。

(4) 运用 WinCC flexible 创建新项目，与 S7-200 PLC 建立连接，建立变量。

(5) 在项目中生成画面，对画面上的按钮、指示灯进行组态。

(6) 把 WinCC flexible 项目下载至触摸屏中。

(7) 实现 PLC 与触摸屏的在线运行。

(8) 项目参考画面如图 5-11 所示。

4. 项目实施

1) 项目任务

基本任务：完成电动机的启动/停止控制的组态、接线、PLC 编程、调试等。

利用设备，拟好方案，完成项目任务。

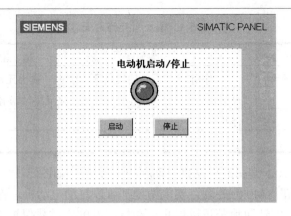

图 5-11　电动机启动/停止画面

2)　实践步骤

(1)　接线。(断开)电源开关→(拟定)主、辅电路接线图→先接主电路，后接辅助电路。

(2)　输入 PLC 程序，并下载到 PLC。

(3)　组态好画面，并下载到触摸屏。

(4)　建立 PLC 与触摸屏之间的通信连接。

(5)　调试及排障。

(6)　新方案试探。

(7)　任务拓展。

5. 项目指导

1)　项目实施步骤

(1)　S7-200 PLC 通信设置。系统块中的通信速率必须与其通信的触摸屏的通信速率一致，否则会造成 PLC 与触摸屏通信失败。

STEP 7-Micro/WIN 软件运行后，单击左侧的"系统块"，然后将"端口通信"中的波特率设为 19.2kbps，如图 5-12 所示。

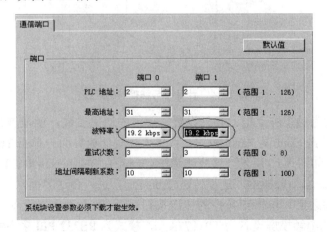

图 5-12　PLC 通信设置

(2)　I/O 分配。PLC 输入输出地址分配见表 5-1。

表 5-1 输入/输出点分配

输 入			输 出		
输入端子	输入元件	作用	输出端子	输出元件	控制对象
I0.0	KH	过载保护	Q0.2	交流接触器 KM	电动机 M
I0.1	SB1	停止			
I0.2	SB2	启动			

(3) PLC 程序设计。编写的电动机启动/停止控制程序如图 5-13 所示。启动按钮 I0.2 与触摸屏的"启动按钮"M0.0 并联,实现两地都可以启动电动机,停止按钮 I0.1 与"停止按钮"M0.1 串联,实现两地都可以停止电动机,I0.0 为过载保护输入端,Q0.2 为输出端,控制电动机。

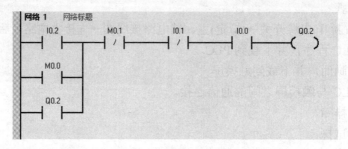

图 5-13 PLC 梯形图

2) 操作步骤

(1) 将组态画面下载到触摸屏。计算机与触摸屏可以通过 RS-232C 转 RS-485 的 PC/PPI 电缆连接起来,如图 5-14 所示,同时提供 24V 直流电源给触摸屏。

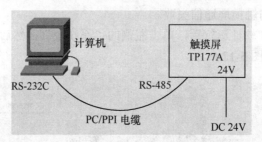

图 5-14 计算机与触摸屏的连接

如果是第一次为触摸屏上电,必须设置触摸屏的通信参数,触摸屏开机后进入的画面如图 5-15 所示。单击 Control Panel 按钮,可进入控制面板界面;单击 Transfer 按钮,可进入传送设置界面,如图 5-16 所示,选择通道 1(Channel 1)中 Serial(串行)后的复选框,单击 OK 按钮退出。重新启动触摸屏,选择传送(Transfer),进入传送界面,等待计算机传送。

在编辑好画面之后,单击工具栏的传送按钮 ![icon],进入"选择设备进行传送"界面,如图 5-17 所示,选中触摸屏设备为 TP 177A 6,模式为 RS232/PPI 多主站电缆,端口选择 COM1,单击"传送"按钮,即可将组态好的画面下载到触摸屏中,下载完毕后,关闭触摸屏。

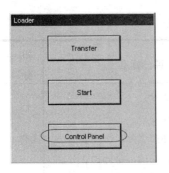

图 5-15　装载选项

图 5-16　传送画面设置

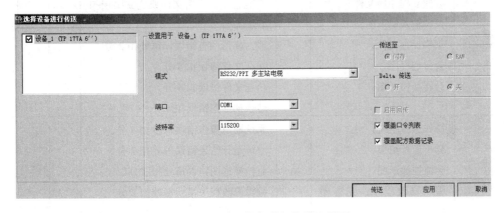

图 5-17　"选择设备进行传送"界面

(2)　将控制程序下载到 PLC 中。将 PC/PPI 电缆连接到 PLC，打开 PLC 电源，把程序下载到 PLC 中，然后关闭 PLC 电源。

(3)　连接控制电路，其中 PLC 与触摸屏的连接使用的是 RS485 电缆。

(4)　为 PLC 和触摸屏通电，PLC 上的输入指示灯 I0.0 应点亮，表示输入继电器 I0.0 被热继电器 KH 常闭触点接通，如果指示灯 I0.0 不亮，表示热电器 KH 常闭触点断开，热继电器已过载保护。

(5)　按启动按钮 SB2 或单击触摸屏中的"启动"按钮，I0.2 或 M0.0 常开点闭合，使输出继电器 Q0.2 自锁，交流接触器 KM 通电，电动机 M 通电运行。

(6)　按停止按钮 SB1 或单击触摸屏中的"停止"按钮，I0.1 或 M0.1 常闭触点断开，使输出继电器接触自锁，交流接触器 KM 失电，电动机 M 断电停止。

3)　安全注意事项

(1)　在检查电路正确无误后才能进行通电操作。

(2)　操作过程中严禁手握任何物品，严禁触摸除开关外的任何低压电器。

(3)　严格按操作步骤操作，通电调试必须在老师的监视下进行，严禁违规操作。

(4)　训练项目必须在规定时间内完成，同时做到安全操作和文明生产。

6. 项目评估

任务质量考核要求及评分标准见表 5-2。

表 5-2　项目评分表

考核项目	考核要求	配分	评分标准	扣分	得分	备注
系统安装	会安装元件。 按图完整、正确规范地接线。按照要求编号	30	元件松动扣 2 分。 损坏一处扣 4 分。 错、漏线每处扣 2 分。 反圈、压皮、松动，每处扣 2 分。 错、漏编号，每处扣 1 分			
编程操作	会建立程序新文件。 正确输入梯形图。 正确保存文件。 会传送程序。 会转换梯形图	40	不能建立程序新文件或建立错误扣 4 分。 输入梯形图有错误，每处扣 2 分。 保存文件错误扣 4 分。 传送文件错误扣 4 分。 转换梯形图错误扣 4 分			
运行操作	操作运作系统。 分析运行结果。 会监控梯形图。 编辑修改程序，完善梯形图	30	系统通道操作错误每步扣 3 分。 分析运行结果错误每处扣 2 分。 监控梯形图错误每处扣 2 分。 编辑修改程序错误每处扣 2 分			
安全生产	自觉遵守安全文明生产规程		每违反一项规定，扣 3 分。 发生安全事故，0 分处理。 漏接接地线一处扣 5 分			
时间	4 小时		提前正确完成，每 min 加 5 分。 超过定额时间，每 5min 扣 2 分			

开始时间：　　　　　结束时间：　　　　　　　　　实际时间：

本 章 小 结

本章介绍了人机界面的基本概念和主要功能，介绍了西门子人机界面设备的主要功能和使用方法。通过电动机启动和停止控制实例，初步介绍了触摸屏的实际应用步骤和设计技巧等。

习　　题

用触摸屏、PLC 实现交通灯的控制。要求画出硬件接线图，编写 PLC 控制程序，画出触摸屏控制界面。

第6章 触摸屏组态软件

本章要点

本章主要介绍 WinCC flexible 软件的安装和主界面，结合工程实例介绍各种组态的步骤和注意事项，重点介绍画面对象组态、报警与用户管理等。

学习目标

● 了解组态软件的基本构成，以及项目构建的基本方法。
● 掌握各种组态的基本方法。
● 掌握组态软件的实际运用。

6.1 WinCC flexible 简介

WinCC flexible 是德国西门子(SIEMENS)公司工业全集成自动化(TIA)的子产品，是一款面向机器的自动化概念的 HMI 软件。WinCC flexible 用于组态(configure)用户界面，以操作和监视机器与设备，提供了对面向解决方案概念的组态任务的支持。WinCC flexible 与 WinCC 十分类似，都是组态软件，前者基于触摸屏，后者基于工控机。

西门子的人机界面以前使用 ProTool 组态，SIMATIC WinCC flexible 是在被广泛认可的 ProTool 组态软件上发展起来的，并且与 ProTool 保持了一致性。ProTool 适用于单用户系统，WinCC flexible 可以满足各种需求，从单用户、多用户到基于网络的工厂自动化控制与监视。大多数 SIMATIC HMI 产品可以用 ProTool 或 WinCC flexible 组态，某些新的 HMI 产品只能用 WinCC flexible 组态。可以非常方便地将 ProTool 组态的项目移植到 WinCC flexible 中。

WinCC flexible 具有开放简易的扩展功能，带有 VB 脚本功能，集成了 ActiveX 控件，可以将人机界面集成到 TCP/IP 网络。

WinCC flexible 带有丰富的图库，提供了大量的对象供用户使用，其缩放比例和动态性能都是可变的。使用图库中的元件，可以快速方便地生成各种美观的画面。

1. WinCC flexible 的改进

WinCC flexible 改进后的特点如下。

(1) 可以通过以太网与 S7 系列 PLC 和 WinAC 连接。

(2) 对象库中的屏幕对象可以任意定义并重新使用，集中修改。

(3) 画面模板用于创建画面的共同组成部分。

(4) 智能工具。用于创建项目的项目向导、画面分层和运动轨迹和图形组态。

(5) 具有数字信息和模拟信息的信息报警系统。

(6) 可以任意定义信息类别，可以对响应行为和显示进行组态。

（7）可以在 5 种语言之间切换。

（8）拥有扩展的密码系统。通过用户名和密码进行身份认证，最多有 32 个用户组特定权限。

（9）通过使用 VB 脚本，来动态显示对象，以访问文本、图形或者条形图等屏幕对象属性。

2. 安装 WinCC flexible 的计算机推荐配置

WinCC flexible 对计算机软硬件要求较高，推荐配置如下。

（1）操作系统：Windows 2000 SP4 或 Windows XP Professional。

（2）Internet 浏览器：Microsoft Internet Explorer v6.0 SP1/SP2。

（3）图形分辨率：1028×768 像素或更高，256 色或更多。

（4）处理器：1.6GHz 及以上的处理器。

（5）内存：1GB 以上。

（6）硬盘空闲空间：1.5GB 以上。

（7）PDF 文件的显示：Adobe Acrobat Reader 5.0 或更高版本。

3. 安装 WinCC flexible

双击安装光盘中的 Setup.exe，单击各对话框中的"下一步"按钮，进入下一界面。

在"许可证协议"界面中，选中"我接受上述许可协议"。

在"要安装的程序"界面中(见图 6-1)，确认要安装的软件(打勾)，可采用默认的设置。已安装的软件左边的复选框为灰色。

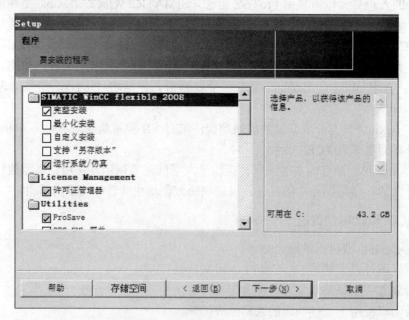

图 6-1　确定要安装的程序

建议将软件安装在 C 盘默认的文件夹中。安装软件时出现如图 6-2 所示的对话框，该对话框不会显示已经安装的软件。

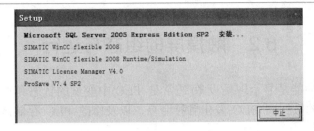

图 6-2　安装过程中显示的对话框

　　安装过程是自动完成的，不需要用户干预。安装完成后，出现的对话框显示"安装程序已在计算机上成功安装了软件"，单击"完成"按钮，立即重新启动计算机。也可以选择以后重启计算机。

4. 安装软件遇到问题时的处理

　　在安装出现 WinCC flexible 时，可能出现提示"Please restart Windows before installing new programs"(安装新程序之前，请重启计算机)或类似的信息，即使重新启动计算机后再安装软件，还是出现上述信息，说明因为杀毒软件的作用，Windows 操作系统已经注册了一个或多个写保护文件，以防止被删除或重命名，解决方案如下。

　　在 Windows 桌面环境中选择"开始"→"运行"命令，在程序的"运行"对话框中输入"regedit"打开注册表编辑器。

　　然后选中注册表左边的 HKEY_LOCAL_MACHINE\System\CurrentControlSet\Control\Session Manager，如果右边窗口中有 PendingFileRenameOperations，将它删除，不用重新启动计算机就可以安装软件了。

　　图 6-3 为 WinCC flexible 的操作界面，主要分为菜单栏、工具栏、项目视图、工作区、属性视图和工具窗口 6 个部分。

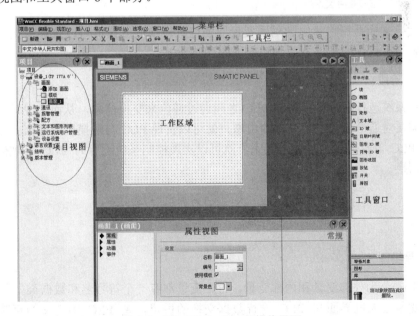

图 6-3　WinCC flexible 的操作界面

6.2　触摸屏的组态与运行

触摸屏的基本功能是显示现场设备(通常是 PLC)中变量的状态和寄存器中数字变量的值，用监控画面上的按钮向 PLC 发出各种命令，以及修改 PLC 存储区的参数。其组态与运行如图 6-4 所示。

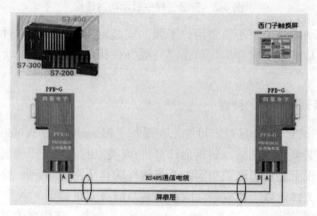

图 6-4　触摸屏的组态与运行

1. 对监控画面组态

首先使用组态软件 WinCC flexible 对触摸屏进行组态。使用组态软件，可以很容易地生成满足用户需求的画面，用文字或图形动态地显示 PLC 中位变量的状态和数字量的数值。用各种输入方式将操作人员的位变量命令和数字设定值传送到 PLC。

2. 编译和下载项目文件

编译项目文件是指将建立的画面及设置的信息转换成触摸屏可以执行的文件。编译成功后，需要将可执行的文件下载到触摸屏的存储器中。

3. 运行阶段

在控制系统运行时，触摸屏和 PLC 之间通过通信来交换信息，从而实现触摸屏的各种功能。只需要对通信参数进行简单的组态，就可以实现 PLC 与触摸屏的通信。将画面的图形对象与 PLC 的存储器地址联系起来，就可以实现控制系统运行时 PLC 与触摸屏之间的自动数据切换。

6.3　组态项目：变量组态

1. 变量类型

变量(Tag)分为外部变量和内部变量，每个变量都有一个符号名和数据类型。

外部变量是人机界面与 PLC 进行数据交换的桥梁，是 PLC 中定义的存储单元的映像，其值随 PLC 程序的执行而改变。可以在 HMI 设备和 PLC 中访问外部变量。

内部变量存储在 HMI 设备的存储器中，与 PLC 没有连接关系，只有 HMI 设备能访问内部变量。内部变量用于 HMI 设备内部的计算或执行其他任务。内部变量用名称来区分，没有地址。

2. 变量的数据类型

WinCC flexible 软件中可定义的变量的基本数据类型有字符、字节、有符号整数、无符号整数、长整数、无符号长整数、实数(浮点数)、双精度浮点数、布尔(位)变量、字符串及日期时间，如表 6-1 所示。

表 6-1　变量的基本数据类型

变量类型	符　号	位数(bit)	取值范围
字符	Char	8	—
字节	Byte	8	0 ~ 255
有符号整数	Int	16	−32768 ~ 32767
无符号整数	Unit	16	0 ~ 65535
长整数	Long	32	−2147483648 ~ 2147483647
无符号长整数	Ulong	32	0 ~ 4210410672105
实数(浮点数)	Float	32	±1.1754105e−38 ~ ±3.402823e+38
双精度浮点数	Double	64	—
布尔(位)变量	Bool	1	True(1)、False(0)
字符串	String	—	—
日期时间	Date Time	64	日期/时间

6.4　画面对象组态

6.4.1　IO 域组态

1. I/O 域分类

I 是输入(Input)的简称，O 是(Output)的简称，输入域与输出域统称为 IO 域。IO 域分为三种模式，分别为输出域、输入域和输入/输出域。

输出域只显示变量的数值。输入域是操作员输入要传送到 PLC 的数字、字母或符号，将输入的数值保存到指定的变量中。输入/输出域同时具有输入和输出功能，操作员可以用它来修改变量的数值，并将修改后的数值显示出来。

2. I/O 域组态

1)　组态要求

建立两个整型变量和一个字符变量，在画面中建立三个 IO 域，三个 IO 域的模式分别定义为"输入"、"输出"和"输入/输出"，过程变量分别与以上三个变量连接。

2)　组态过程

(1) 配置变量。在变量表中创建整型(Int)变量"变量_1"、"变量_2"和 8 个字节的字符型(String)变量"变量_3"，它们都为内部变量，如图 6-5 所示。

图 6-5　变量表

(2)　画面配置。单击项目视图中的"项目"→"设备_1"→"画面"→"画面_1"，
打开画面_1，如图 6-6 所示。

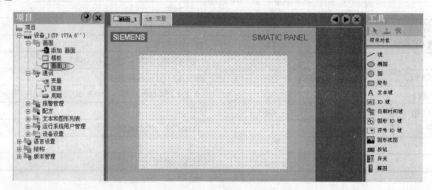

图 6-6　打开画面_1

在工具视图中单击"简单对象"中的"IO 域"，然后在画面的合适位置单击，即可在
画面中建立一个 IO 域，设置该 IO 域的属性，模式设为"输入"，过程变量调用"变量
_1"，格式为 999(显示 3 位整数)，如图 6-7 所示。

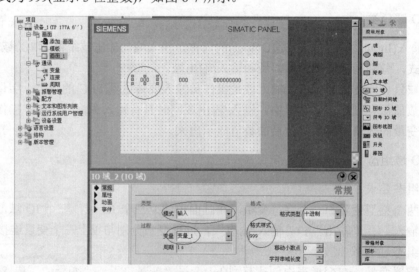

图 6-7　IO 域属性设置

用类似方法建立另外两个 IO 域，第二个 IO 域的属性设置如图 6-8 所示，模式为"输出"，过程变量调用"变量_2"。第三个 IO 域的属性设置如图 6-9 所示，模式为"输入/输出"，格式类型为"字符串"，过程变量调用"变量_3"。

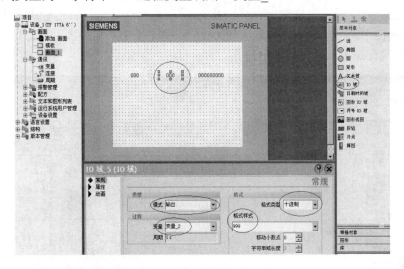

图 6-8　第二个 IO 域的属性设置

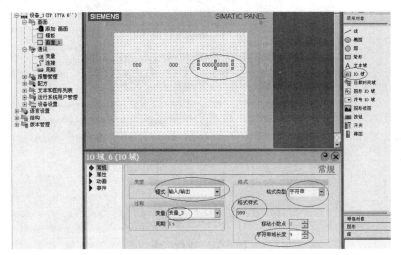

图 6-9　第三个 IO 域的属性设置

配置后的画面如图 6-10 所示。

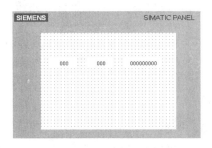

图 6-10　配置后的画面

另外，根据组态的需要，还可以在 IO 域的属性窗口中设置其外观、布局、文本、闪烁、限制、其他、安全和动画，也可以由该 IO 域触发事件。

3）项目运行

单击如图 6-11 所示的启动运行系统按钮 🔳，系统即可运行，运行画面如图 6-12 所示，在运行画面中，可对第一个域输入 IO 数值；第二个 IO 域只能显示数值，不能输入；第三个 IO 域可以输入和输出显示字符。

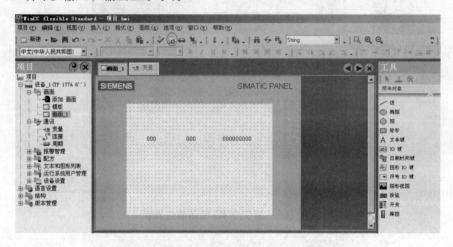

图 6-11　启动运行系统

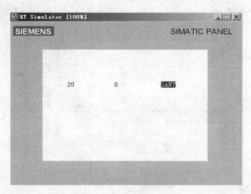

图 6-12　运行画面

6.4.2　按钮组态

按钮最主要的功能是在单击它时执行事先配置好的系统函数，使用按钮，可以完成很多任务。

在按钮的属性视图的"常规"界面中，可以设置按钮的模式为"文本"、"图形"或"不可见"。

1. 组态要求

配置一个画面，如图 6-13 所示，画面中设置两个按钮和一个 IO 域，当按下"加 1"按钮时，IO 域中的数值就加 1，当按下"减 1"按钮时，IO 域的数值就减 1。

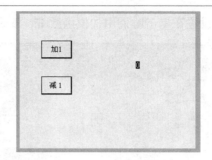

图 6-13　配置画面

2. 组态过程

1)　配置变量

首先配置一个名为"变量_1"的变量，数据类型为整数 Int，如图 6-14 所示。

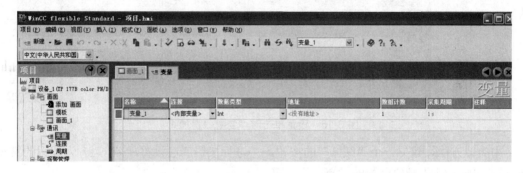

图 6-14　配置变量

2)　按钮设置

单击项目视图中的"项目"→"设备_1"→"画面"→"画面_1"，打开画面_1。在工具视图中，单击"简单对象"中的"按钮"，然后在画面中用左键在合适位置单击，新建一个按钮，在该按钮的属性窗口的"常规"项中，将按钮模式选择为"文本"，设置 OFF 状态文本为"加 1"。如图 6-15 所示。

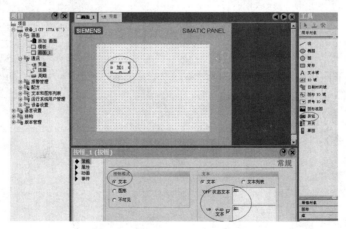

图 6-15　"加 1"按钮的常规设置

然后在"事件"项中，设置在单击时调用加值函数 IncreaseValue，如图 6-16 所示。

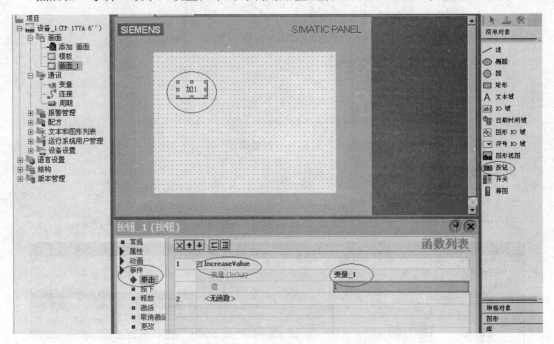

图 6-16　设置单击时"变量_1"加 1

用类似方法，建立一个"减 1"的按钮，并进行按钮属性设置，图 6-17 为按钮的常规项设置，图 6-18 为减值函数的设置。

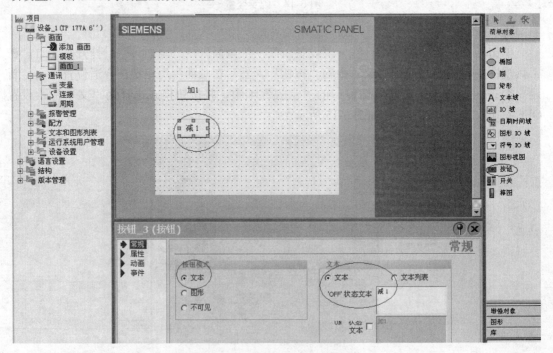

图 6-17　减 1 按钮的常规设置

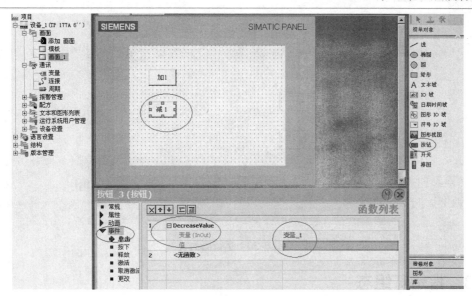

图 6-18　设置单击时"变量_1"减 1

3)　IO 域配置

新建一个 IO 域配置,其常规项属性设置如图 6-19 所示,设置调用的过程变量为"变量_1"。

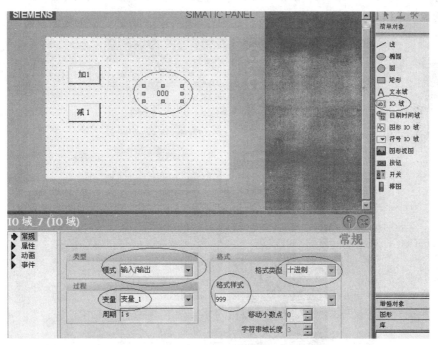

图 6-19　IO 域配置

4)　项目运行

单击启动运行系统按钮 🗗,系统即可运行,运行画面如图 6-20 所示,每单击一个加 1 按钮,IO 域中的数值就会加 1;每单击一次减 1 按钮,IO 域中的数值就会减 1。

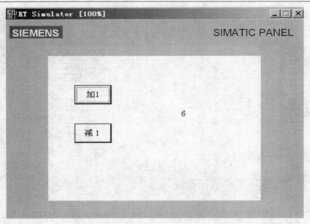

图 6-20　运行画面

6.4.3　指示灯组态

1. 打开库文件

工具箱中没有用于显示位变量 ON/OFF 状态的指示灯，下面介绍使用对象库中的指示灯的方法。

选中"工具"→"库"，右击下面的空白区，在弹出的快捷菜单中选择"库"→"打开"命令，如图 6-21 所示。

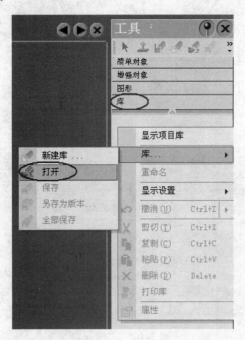

图 6-21　打开库

在出现的对话框中，单击左侧栏中的"系统库"，双击 Button_and_switches.wlf(按钮与开关库文件)，如图 6-22 所示。

图 6-22　选择库文件

2. 生成指示灯

打开刚刚装入的 Button_and_switches 库，选中该库中的 Indicator_Switches(指示灯/开关)，选中指示灯，如图 6-23 所示。

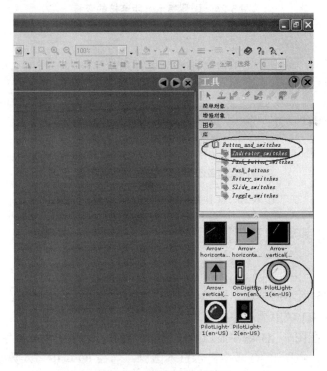

图 6-23　选择指示灯图形

用鼠标将指示灯拖放到画面中，调整其位置与大小。

3. 配置指示灯连接的变量

选中画面中的指示灯，画面下面是指示灯的属性视图，配置所连接的变量是"电动机"，如图 6-24 所示。

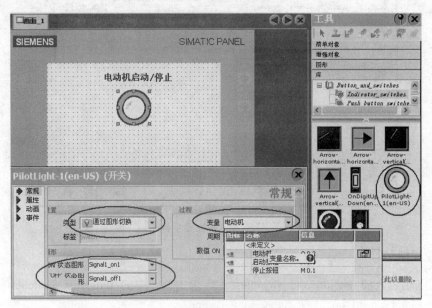

图 6-24　配置指示灯所连接的变量

4. 模拟运行

如图 6-25 所示，单击"使用仿真器模拟运行系统"图标，将电动机值设置为 1 和 0 时，观察电动机指示灯的图形颜色的变化。

图 6-25　"使用仿真器模拟运行系统"图标

6.4.4　文本列表和图形列表组态

1. 配置要求

配置如图 6-26 所示的画面。要求当在 IO 域中写入数字 0 时，在符号域中自动显示"中国"，在图形 IO 域中显示中国国旗；当在 IO 域中写入数字 1 时，在符号 IO 域中自动显示"美国"，在图形 IO 域中显示美国国旗；当在 IO 域中写入数字 2 时，在符号 IO 域中显示"日本"，在图形 IO 域中显示日本国旗；当在 IO 域中写入数字 3 时，在符号 IO 域中显示"韩国"，在图形 IO 域中显示韩国国旗；当在 IO 域中写入数字 4 时，在符号 IO 域中显示"俄罗斯"，在图形 IO 域中显示俄罗斯国旗。

另外，也可在符号 IO 域(即下拉列表框)中选择中国、美国、日本、韩国和俄罗斯，IO 域中的数值与图形 IO 域中的国旗能跟着相应地变化。

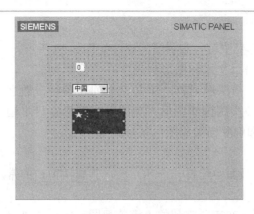

图 6-26　组态画面

2. 配置过程

1)　配置变量

为了能通过文本列表和图形列表实现此功能，需建立一个整型变量，如图 6-27 所示。

图 6-27　建立一个变量

2)　配置文本列表

在项目视图中，选择"文本和图形列表"→"文本列表"，如图 6-28 所示，新建一个文本列表，建立 5 个列表条目，数字 0、1、2、3、4 分别对应中国、美国、日本、韩国、俄罗斯条目。

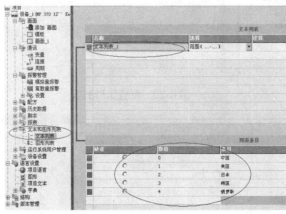

图 6-28　文本列表的配置

3） 配置图形列表

在工具视图的"图形"中可找到各国国旗，如图 6-29 所示。

在项目视图中，单击"文本和图形列表"→"图形列表"，如图 6-30 所示，新建一个图形列表，建立三个列表条目，数字 0、1、2、3、4 分别对应中国国旗图形、美国国旗图形、日本国旗图形、韩国国旗图形和俄罗斯国旗图形条目。

4） 画面配置

（1） IO 域配置。在画面中配置一个 IO 域，其属性窗口的常规项设置如图 6-31 所示。

（2） 符号 IO 域配置。在工具视图的"简单视图"中单击"符号 IO 域"，在画面中配置一个符号 IO 域，如图 6-32 所示。然后按图 6-33 所示设置符号 IO 域的属性窗口中的常规项。设置模式为"输入/输出"，显示文本列表"文本列表_1"，调用过程变量"变量_1"。

（3） 图形 IO 域配置。在工具视图的"简单视图"中单击"图形 IO 域"，在画面中配置一个图形符号 IO 域，如图 6-34 所示。按图 6-35 所示设置图形 IO 域属性窗口中的常规项。设置模式为"输入偷出"，显示图形列表"图形列表_1"，调用过程变量"变量_1"。

5） 项目运行

单击启动运行系统按钮，系统即可运行，运行画面如图 6-36 所示。可检查运行效果是否满足项目组态的要求。

图 6-29　国旗图形

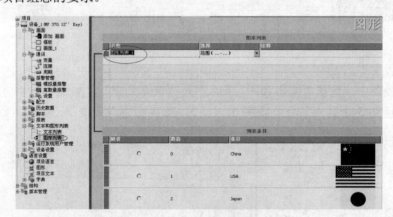

图 6-30　配置图形列表

图 6-31　IO 域属性的设置

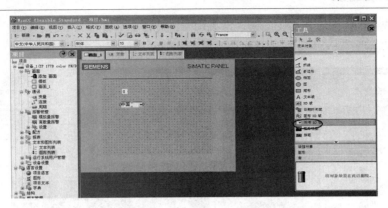

图 6-32　配置符号 IO 域

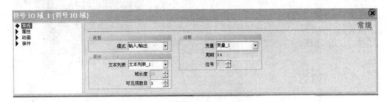

图 6-33　符号 IO 域属性的设置

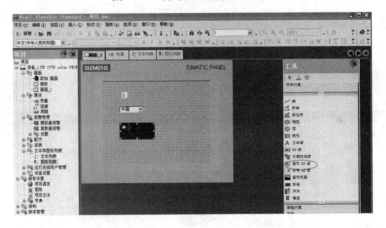

图 6-34　配置图形 IO 域

图 6-35　图形 IO 域的属性设置

图 6-36　运行画面

6.4.5　棒图组态

选择系统画面，选择"工具"→"简单对象"→"棒图"命令，把棒图拖到画面中释放，自动生成一个棒图。在棒图的属性常规项中将过程变量设置为"总实际值"，如图 6-37 所示，在其"属性"→"刻度"中设置为不显示刻度，如图 6-38 所示。

图 6-37　棒图组态(一)

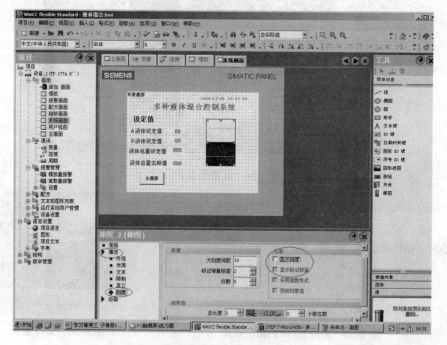

图 6-38　棒图组态(二)

另外再配置一个棒图，设置为"显示刻度"，其他设置与上一个棒图一致，如图 6-39 所示。

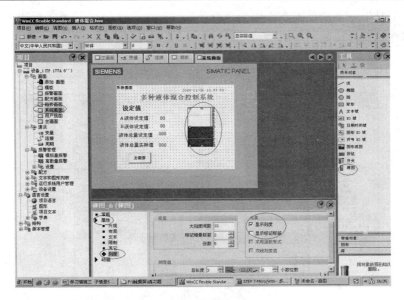

图 6-39　棒图组态(三)

6.4.6　管道与阀门组态

选择系统画面，在"工具"→"库"的空白处单击鼠标右键，从快捷菜单中选择
"库"→"打开"→"系统库"命令，把系统库调出来，选择管道放置，调用阀门的库文
件，选择"库"→"Graphics"→"Symbols"→"Valves"命令，在画面上设置三个阀
门，同时设置三个按钮，分别与阀门叠放在一处。然后设置三个按钮，以便在按下按钮时
分别把变量"A 阀"、"B 阀"、"出料阀"置位(SetBit)，松开按钮时，使其复位
(ResetBit)。如图 6-40 所示。

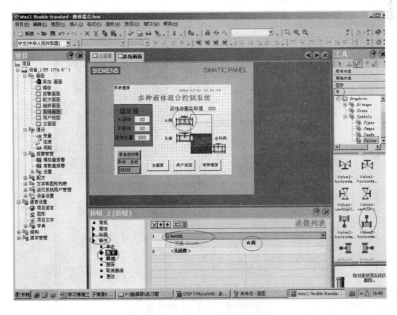

图 6-40　按钮与阀门的配置

单击"工具"→"简单工具"中的"开关"，配置一个开关，用于手动/自动的切换。该开关的属性窗口设置如图 6-41 所示。

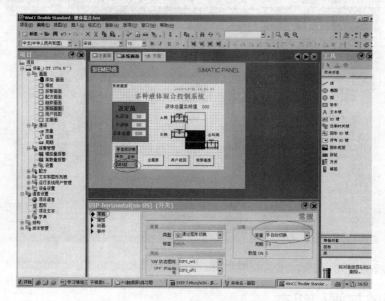

图 6-41　手动/自动切换开关的设置

6.4.7　趋势视图组态

西门子 HMI 的趋势视图可以显示变量随时间的变化趋势。

新建名为"趋势画面"的画面，选择"工具"→"增强工具"→"趋势视图"，将"趋势视图"拖放到画面中，调整成合适的大小。

选中趋势视图，在属性视图的"属性"→"趋势"界面中，单击一个空行，创建一个"实际液体总量"的新趋势，按图 6-42 所示设置它的类型和其他参数。其中"前景色"指曲线的颜色，"源设置"指要显示曲线的变量名。

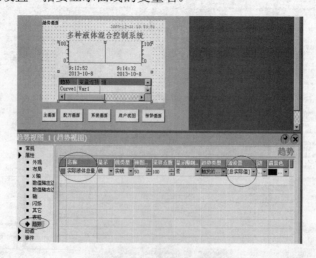

图 6-42　趋势视图的设置

6.4.8　配方组态

配方是与某个生产工艺过程有关的所有参数的集合。

1. 新建配方

选择"项目视图"→"配方"→"添加配方"，双击"添加配方"，建立一个名为"AB 混合"的配方，显示名称也为"AB 混合"。在配方的"元素"表中，添加一种成分，"A 液体设定值"，显示名称分别为"A 液体设定值"，变量为"A 液体设定"；然后添加另一种成分"B 液体设定值"，显示名称分别为"B 液体设定值"，变量为"B 液体设定"，如图 6-43 所示。

图 6-43　新建配方

单击图 6-43 中的"数据记录"，设置数据记录表，如图 6-44 所示。

图 6-44　数据记录表

2. 配方画面的设置

新建配方画面，选择"工具"→"增强工具"→"配方视图"，将"配方视图"拖放到画面中，调节成合适的位置与大小。在配方视图属性窗口的"常规"选项中，选择配方名为"AB 混合"，如图 6-45 所示。

在配方视图属性窗口的"属性"选项中，选择"简单视图"，将每个配方的行数选择为 1，如图 6-46 所示。

配方运行时，双击某个配方，可以修改参数，可以把新的配方记录保存，也可以删除某个配方记录或者下载配方记录到 PLC 中，或者从 PLC 中上传某个配方记录，如图 6-47

所示。

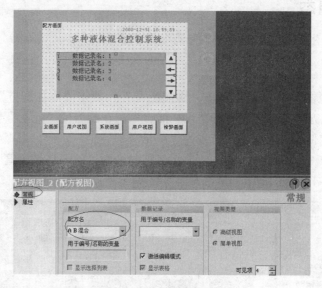

图 6-45　配方画面的配置

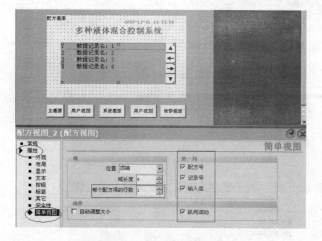

图 6-46　配方视图的设置

图 6-47　配方视图的运行

6.4.9　动画组态

对象的动画组态包括外观、对角线移动、水平移动、垂直移动、直接移动和可见性组态。下面以水平移动为例，对动画进行水平移动设置。

1. 设置要求

如图 6-48 所示，设置 4 个矩形块，让其实现从左到右和循环移动。

2. 设置过程

1)　设置变量

为了实现方块的水平移动，需建立一个整型变量。建立变量如图 6-49 所示。

图 6-48　配置画面

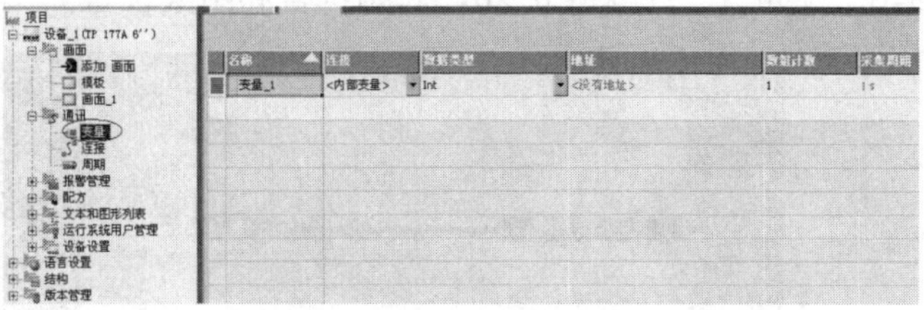

图 6-49　设置一个变量

2)　设置矩形

在工具视图的"简单视图"中单击"矩形"，如图 6-50 所示，在画面中新建一个矩形，并按图 6-51 所示，在属性窗口中设定填充颜色。右击设置的矩形，通过"复制"、"粘贴"，得到 4 个相同的矩形，如图 6-52 所示。

图 6-50　单击矩形

图 6-51　设置矩形的颜色

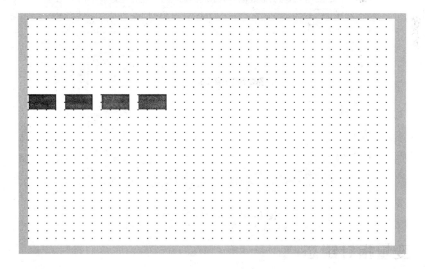

图 6-52　设置 4 个矩形

3)　项目模拟运行

同时选中 4 个矩形，右击，从快捷菜单中选择"组合"命令，即可把原来的 4 个单独的对象合成为一个对象。选中合成的对象，设置属性窗口中的"动画"→"水平移动"。

启用"变量_1"范围从 0~20，起始位置和结束位置如图 6-53 所示。

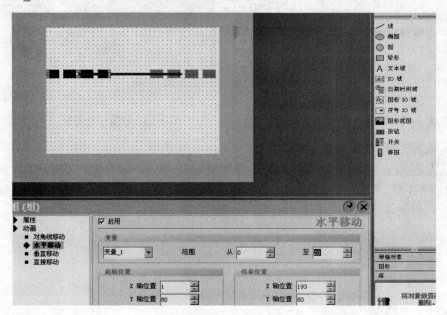

图 6-53　水平移动设置

运行画面如图 6-54 所示。

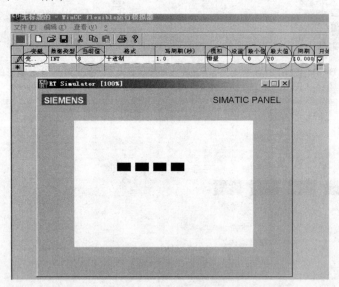

图 6-54　运行模拟器设置

6.4.10　变量指针组态

1. 设置要求

配置如图 6-55 所示的画面，在画面中可通过 IO 域分别设置 1 号、2 号、3 号水箱的液位。通过符号 IO 域来选择哪一个水箱液位，如符号 IO 域中选择 3 号水箱液位，则在下面显示 3 号水箱的液位值，并指出指针值 2。

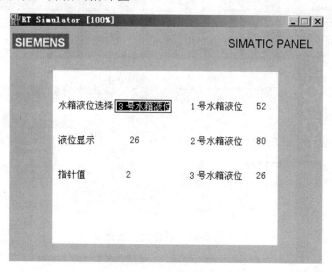

图 6-55　配置画面

2. 设置过程

1)　建立变量

建立 5 个变量，如图 6-56 所示。

图 6-56　变量表

在变量"液位值"的属性窗口中设置"指针化"项，启用索引变量"液位指针"。索引值 0、1、2 分别对应 1 号水箱液位、2 号水箱液位和 3 号水箱液位三个变量，如图 6-57 所示。

2)　设置文本列表

单击项目视图的"文本和图形列表"中的"文本列表"，创建一个名为"液位值"的文本列表，它的 3 个条目分别为"1 号水箱液位"、"2 号水箱液位"和"3 号水箱液位"，如图 6-58 所示。

3)　设置文本域

设置三个文本域，分别为"水箱液位选择"、"液位显示"和"指针值"，如图 6-59 所示。

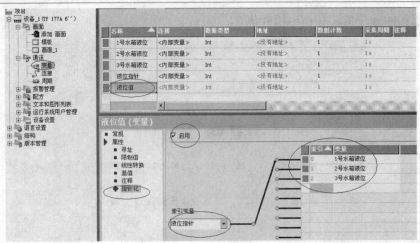

图 6-57　设置索引指针

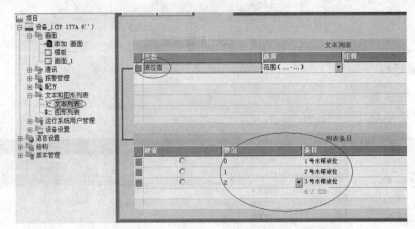

图 6-58　文本列表

图 6-59　设置三个文本域

4)　设置符号 IO 域

单击画面，单击"工具"→"简单对象"→"符号 IO 域"，在画面中设置一个符号 IO 域。符号 IO 域及其属性设置如图 6-60 所示。在属性常规项中设置显示文本列表为"**液位值**"，调用过程变量"**液位指针**"，模式为"**输入/输出**"。

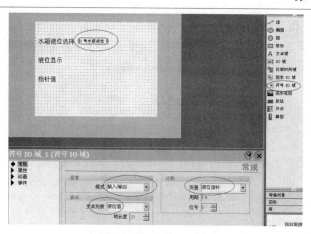

图 6-60　设置符号 IO 域

5)　设置 IO 域

设置一个液位显示 IO 域，其属性设置如图 6-61 所示，调用过程变量"液位值"。

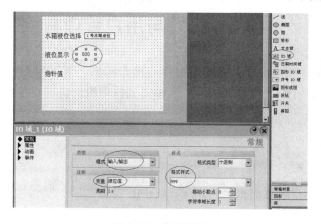

图 6-61　常规设置

设置一个显示指针值的 IO 域，其属性设置如图 6-62 所示，调用过程变量"液位指针"。

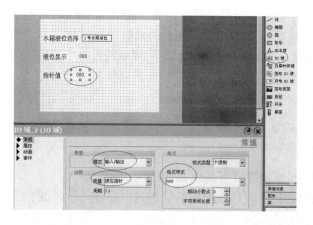

图 6-62　指针值 IO 域

6) 其他文本域和 IO 域的设置

设置如图 6-63 所示的文本域和 IO 域，可用来设定 3 个水箱的液位值。

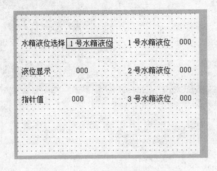

图 6-63 其他 IO 域的设置

7) 项目运行

单击启动运行系统按钮 ，系统即可运行，可检查运行效果是否满足项目设置要求。

6.5 报警与用户管理

报警是用来指示控制系统中出现的事件或操作状态，可以用报警信息对系统进行诊断。报警事件可以在 HMI 设备上显示，或输出到打印机，也可将报警事件保存在报警记录中。

1. 报警的分类

1) 自定义报警

自定义报警是用户设置的报警，用来在 HMI 设备上显示过程状态，自定义报警分为离散量报警和模拟量报警。

2) 系统报警

系统报警用来显示 HMI 设备或 PLC 中特定的系统状态，是在这些设备中预先定义的。系统报警向操作员提供 HMI 和 PLC 的操作状态，内容可能包括从注意事项到严重错误。如果在两台设备中的通信出现了某种问题，HMI 设备或 PLC 将触发系统报警。

有两种类型的系统报警：HMI 设备触发的系统报警和 PLC 触发的系统报警。

在 WinCC flexible 的默认设置下，看不到"系统报警"图标。为了显示，可以执行菜单命令"选项"→"设置"，在"设置"对话框中打开"工作台"类的"项目视图设置"，用"更改项目树显示的模式"选项框将"显示主要项"改为"显示所有项"。

2. 报警的状态与确认

1) 报警的状态

离散量报警和模拟量报警有下列报警状态。

满足了触发报警的条件时，该报警的状态为"已激活"，或称为"到达"。操作员确认了报警后，该报警的状态为"已激活，已确认"，或称为"(到达)确认"。

当触发报警的条件消失时，该报警的状态为"已激活/已取消激活"，或为"(到达)离开"。如果操作人员确认了已取消激活的报警，该报警的状态为"已激活/已取消激活/已确认"，或为"(到达确认)离开"。

2) 报警的确认

有的报警用来提示系统处于关键性或危险性的运行状态，要求操作人员对报警进行确认。操作人员可以在 HMI 设备上确认报警，也可以由 PLC 的控制程序来置位指定的变量中的一个特定位，以确认离散量报警。在操作员确认时，指定的 PLC 变量中的特定位将被置位。操作员可以用下列元件进行确认。

(1) 某些操作员面板上的确认键(ACK)。

(2) 触摸屏画面上的按钮，或操作员面板上的功能键。

(3) 通过函数列表或脚本中的系统函数进行确认。

报警类型决定了是否需要确认该报警。在设置报警时，既可指定报警由操作员逐个进行确认，也可对同一报警组内的报警集中进行确认。

3. 设置离散量报警

一个字有 16 位，可以设置 16 个离散量报警。离散量报警用指定的字变量内的某一位来触发。

在项目视图中单击"离散量报警"，在报警表中设置一个离散量报警，如图 6-64 所示。由变量"变量_1"的第 0 位触发该报警。

图 6-64 设置离散量报警

报警类别有以下 4 种。

1) 错误

用于离散量报警和模拟量报警，指示紧急的或危险的操作和过程状态，这类报警必须确认。

2) 诊断事件

用于离散量和模拟量报警，指示常规操作状态、过程状态和过程顺序，这类报警不需要确认。

3) 警告

用于离散量和模拟量报警，指示不是太紧急的或危险的操作和过程状态，这类报警必须确认。

4) 系统

用于系统报警，提示操作员有关 HMI 和 PLC 操作状态的信息。这类报警不能用于自定义报警。

4. 模拟量报警

模拟量报警用变量的限制值来触发。

在项目视图中单击"模拟量报警",在报警表中设置一个模拟量报警,如图 6-65 所示。当变量"变量_2"大于 100 时,产生报警。

图 6-65　设置模拟量报警

5. 报警视图的设置

报警视图用于显示当前出现的报警。在工具视图的简单对象中,单击"报警视图",然后在画面中设置报警视图,如图 6-66 所示。

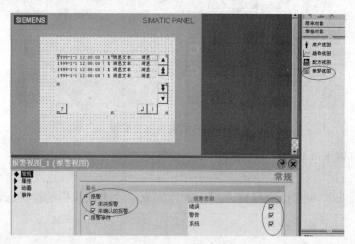

图 6-66　报警视图

可以使用仿真器启动运行系统模拟变化"变量_1"的值,使其超过 100,就会在报警视图中输出报警。

6.5.1　报警组态

1. 建立模拟量报警

新建一个报警画面,命名为"报警画面",并能实现与系统画面的切换。设置模拟量报警，当容器中的液位大于 100 时，则产生报警。

在"项目视图"→"项目"→"报警管理"中双击"模拟量报警"，双击报警表的第一行，设计一个报警，如图 6-67 所示。指定触发变量为"总设定值"超过 100，触发模式为"上升沿时"。

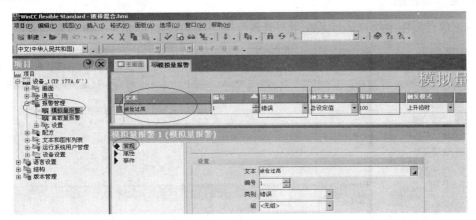

图 6-67　新建模拟量报警

2. 设置报警画面

打开报警画面，在"工具"→"增强对象"中单击"报警视图"，然后在画面中画出报警视图，并调整到合适大小，如图 6-68 所示。

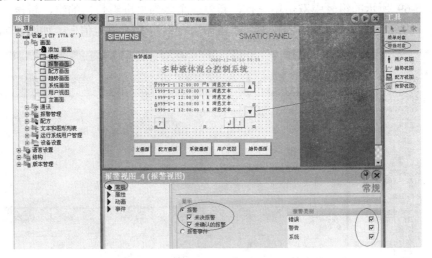

图 6-68　报警视图

如果需要在产生该模拟量报警时自动弹出报警画面，则只要在该报警的属性窗口中设置激活 ActivateScreen 函数，调出报警画面即可。

6.5.2　用户管理组态

一个系统的运行，安全性至关重要，因此要求我们创建并设置访问保护，用户管理用于在运行系统时控制操作人员对数据和函数的访问，从而保护操作元素(例如输入域和功能键)免受未经授权的操作。

西门子 HMI 的用户权限由用户组决定，同一用户组的用户具有相同的权限。在运行系统时，通过"用户视图"来管理用户和口令。

1. 建立用户组

双击项目视图中的"运行系统用户管理"→"组"，显示如图 6-69 所示的画面。

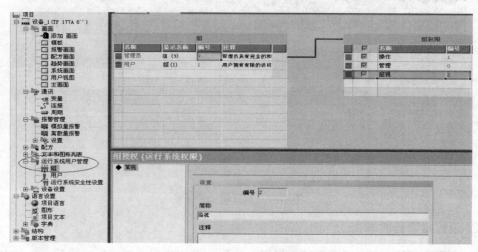

图 6-69 用户组的设置

在图 6-69 所示的组表中双击第三行，新建一个名为"班组长"的组，新建一个"输入 A 设定值"的组权限，班组长组的权限为"操作"、"输入 A 设定值"，如图 6-70 所示。

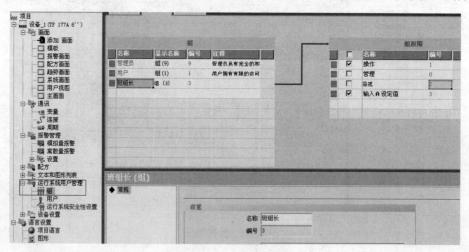

图 6-70 新建用户组

2. 建立用户

双击项目视图中的"运行系统用户管理"→"用户"，显示如图 6-71 所示的画面。

双击用户表的第二行，新建一个名为 user1 的用户，密码为 123，该用户属于"班组长"用户组，如图 6-72 所示。

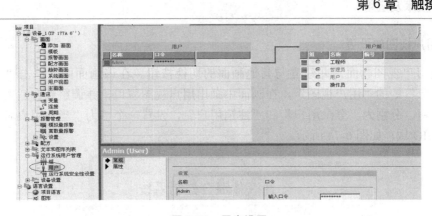

图 6-71　用户设置

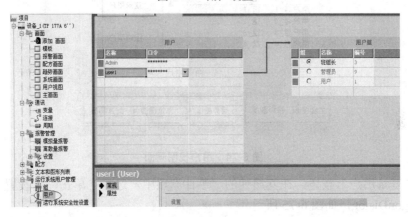

图 6-72　新建用户

3. 设置 IO 域权限

打开系统画面，选择 A 液体设定值的 IO 域，设置该对象的属性，选择"属性"→"安全"，设置权限为"输入 A 设定值"，如图 6-73 所示。

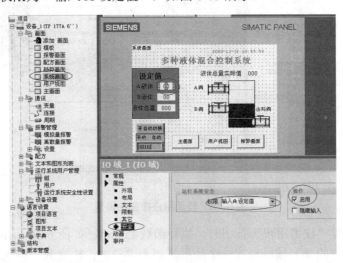

图 6-73　设置 IO 权限

4. 用户视图的设置

新建用户视图画面，并建立与其他画面的切换按钮。在该画面中，单击"工具"→"增强对象"中的"用户视图"，在画面中画出用户视图窗口，并调整到合适的大小，设置两个按钮，分别为"登录用户"和"注销用户"，设置一个名为"当前用户名"的文本域和一个 IO 域，如图 6-74 所示。

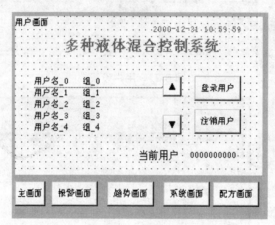

图 6-74　用户视图画面

单击"登录用户"按钮，在其属性的"事件"项中，选择"单击"，设置执行系统函数 ShowLogonDialog，如图 6-75 所示。

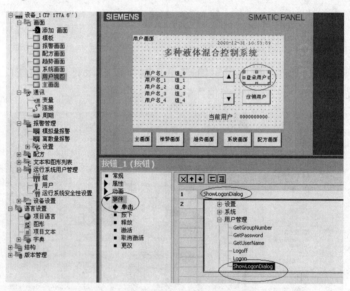

图 6-75　登录用户按钮的设置

类似地，设置"注销用户"按钮时，执行函数 Logoff，如图 6-76 所示。

选择当前用户的 IO 域，新建一个数据类型为字符串，模式为"输入/输出"，变量名为 user 的内部变量，选择属性中的"事件"→"激活"，调用函数 GetUserName，变量设为 user，如图 6-77 所示。则运行时，单击该 IO 域即可刷新得到当前用户名，如图 6-78 所示。

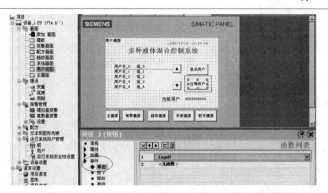

图 6-76 "注销用户"按钮的设置

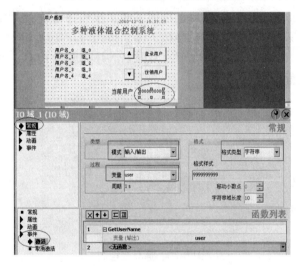

图 6-77 当前用户 IO 域的设置

图 6-78 当前用户名显示

6.6 应 用 实 例

6.6.1 循环灯控制

本项目通过一个循环灯控制案例,来学习 WinCC flexible 基本组态技术的应用。

1. 项目描述

本任务通过一个循环灯控制项目，学习 WinCC flexible 基本组态技术的应用，项目要求如下。

1) 项目要求

(1) 编写循环灯的 PLC 控制程序。要求按下"启动"触摸键后，第一只灯亮 1s 后熄灭，然后接着第二只灯亮 1s 后熄灭，再接着第三只灯亮 1s 后熄灭，如此循环。当按下"停止"触摸键后，三只灯都熄灭。

(2) 运用 WinCC flexible 创建新项目，与 S7-200 PLC 建立连接，建立 5 个变量，分别对应启动按钮、停止按钮和三个指示灯。

(3) 在项目中生成新画面，配置启动按钮、停止按钮各 1 个，指示灯 3 个。要求按下启动按钮时，实现 3 只灯的循环点亮，当按下停止按钮时，实现 3 只灯的熄灭。

(4) 能把 WinCC flexible 项目下载至触摸屏中，并实现与 PLC 的在线运行。

(5) 项目参考画面如图 6-79 所示。

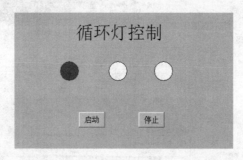

图 6-79　循环灯控制

2) 项目流程

本项目通过一个循环灯控制案例，来认识触摸屏与组态软件，学习 IO 域配置、按钮与开关配置、图形输入输出对象、动画配置、文本列表与图形列表配置等基本配置技术的应用。项目流程如图 6-80 所示。

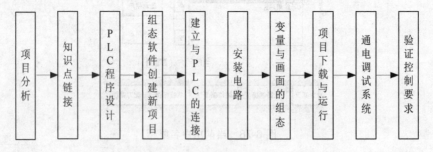

图 6-80　任务流程图

2. 项目准备

完成项目所需要的条件见表 6-2、表 6-3、表 6-4。

表 6-2　材料准备清单

序　号	材料名称	规　格	数　量	备　注
1	导线	线径 0.75	若干	
2	接线端子	U 型和 I 型	若干	
3	号码管		若干	

表 6-3　设备准备清单

序　号	名　称	规　格	数　量	备　注
1	电脑		1	1 套
2	PLC	S7-200	1	CPU224XP CN
3	触摸屏	TP177A	1	
4	直流稳压电源	24V	1	
5	熔断器	RT18-32X	2	熔芯 4A
6	编程电缆	PC/PPI	1	
7	通信电缆	MPI	1	
8	循环灯		3	
9	导轨		若干	
10	插线板	三孔	1	
11	电源	220V	1	
12	万用表	自备	1	
13	按钮		2	

表 6-4　工具、量具、刃具准备清单

序　号	名　称	规　格	精　度	数　量
1	剥线钳			1 把/人
2	一字起子			1 把/人
3	梅花起子			1 把/人
4	压线钳			1 把/人
5	剪线钳			1 把/人

3. 项目分析

(1)　三盏灯循环点亮，由 PLC 控制和触摸屏控制。

(2)　PLC 硬件接线、通信连接必须正确。

(3)　编写 PLC 程序，将程序下载到 PLC。

(4)　把 WinCC flexible 项目下载至触摸屏中。

(5)　实现 PLC 与触摸屏的在线运行。

(6)　新方案试探。

(7)　任务拓展。

4. 项目实施

1)　项目任务

完成循环灯控制的设置、接线、PLC 编程、调试等。

利用设备，拟好方案，完成项目任务。

2)　实践步骤

(1)　接线。(断开)电源开关→PLC 外部接线→触摸屏 24V 电源接线。

(2)　输入 PLC 程序，并下载到 PLC。

(6)　配置好画面，并下载到触摸屏。

(4)　建立 PLC 与触摸屏之间的通信连接。

(5)　调试及排除故障。

3)　安全注意事项

(1)　在检查电路正确无误后，才能进行通电操作。

(2)　操作过程中严禁手握任何物品，严禁触摸除开关外的任何低压电器。

(3)　严格按操作步骤操作，通电调试操作必须在老师的监督下进行，严禁违规操作。

(4)　训练项目必须在规定时间内完成，同时做到安全操作和文明生产。

5. 项目指导

1)　触摸屏界面设计

按图 6-79 进行相应的设计。

2)　PLC 程序设计

(1)　I/O 分配。控制电路中的输入/输出均为开关量，I/O 设备如表 6-5 所示。

表 6-5　输入/输出点的分配

输　入		输　出		
元件名称、符号	输　入　点	元件名称、符号		输　出　点
停止按钮　SB1	I0.0	灯 1	HL1	Q0.0
启动按钮　SB2	I0.1	灯 2	HL2	Q0.1
		灯 3	HL3	Q0.2

(2)　硬件接线如图 6-81 所示。

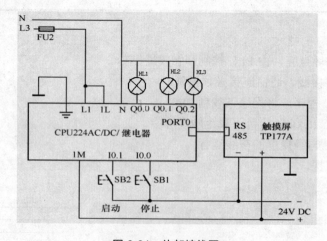

图 6-81　外部接线图

(3) 程序设计。根据工作要求及 I/O 分配表，用基本指令编写的梯形图程序如图 6-82 所示。

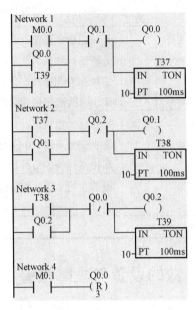

图 6-82　PLC 梯形图程序

(4) 仿真调试。将编好的程序利用仿真软件 S7-200 SIM 2.0 进行验证。

3)　PLC 与触摸屏的通信连接

使用 RS485 串口线进行 PLC 与触摸屏的通信连接。

6. 任务评估

任务质量考核要求及评分标准见表 6-6。

表 6-6　项目评分表

考核项目	考核要求	配分	评分标准	扣分	得分	备注
系统安装	会安装元件。 按图完整、正确及规范地接线。按照要求编号	30	元件松动扣 2 分，损坏一处扣 4 分。错、漏线每处扣 2 分。 反圈、压皮、松动，每处扣 2 分。 错、漏编号，每处扣 1 分			
编程操作	会建立程序新文件。 正确输入梯形图。 正确保存文件。 会传送程序。 会转换梯形图	40	不能建立程序新文件或者建立错误扣 4 分。 输入梯形图错误每处扣 2 分。 保存文件错误扣 4 分。 传送文件错误扣 4 分。 转换梯形图错误扣 4 分			

续表

考核项目	考核要求	配分	评分标准	扣分	得分	备注
运行操作	操作运作系统，并且分析运行结果。 会监控梯形图。 编辑修改程序，完善梯形图	30	系统通道操作错误，每步扣 3 分。 分析运行结果错误，每处扣 2 分。 监控梯形图错误，每处扣 2 分。 编辑修改程序错误，每处扣 2 分			
安全生产	自觉遵守安全文明生产规程		每违反一项规定，扣 3 分。 发生安全事故，0 分处理。 漏接接地线，每处扣 5 分			
时间	4 小时		提前正确完成，每 min 加 5 分。 超过定额时间，每 5min 扣 2 分			

开始时间：　　　　　　　　结束时间：　　　　　　　　实际时间：

6.6.2　用触摸屏实现参数的设置与故障报警

本项目通过触摸屏设置电动机的工艺参数并监控设备的运行状态，了解电动机参数的设置与报警设置。

1. 项目描述

1) 项目流程

本项目通过一个电动机参数的设置与故障报警案例，学习 WinCC flexible 报警的设置。项目流程如图 6-83 所示。

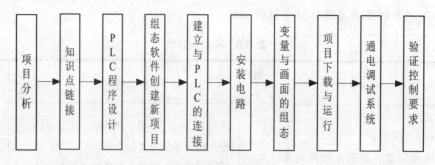

图 6-83　项目流程图

2) 项目要求

用户画面有两个，项目控制要求如下。

(1) 画面 1 为监控画面，如图 6-84 所示，用来监控电动机的运行状况，画面标题为"电动机运行监控"，指示灯监控电动机的运行，"启动"和"停止"按钮控制电动机，可动态显示电动机当前转速与当前日期和时间。通过"设置画面"按钮切换到设置画面。

(2) 画面 2 为设置画面，如图 6-85 所示，画面标题为"电动机当前转速设定画面"，设定电动机的转速，其范围是 0~1500r/min。单击"监控画面"按钮返回监控画面。

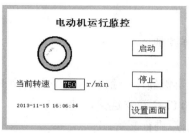

图 6-84　监控画面

图 6-85　设置画面

(3)　在设备运行过程中，当出现故障时，弹出报警窗口，报警指示器闪烁，如图 6-86 所示。设备的故障有电动机过载、变频器故障、车门打开故障和电动机转速低于设定转速的轧车故障。

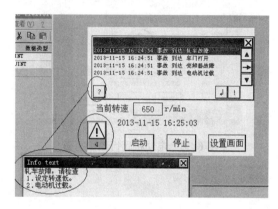

图 6-86　报警画面

2. 项目导入

要求设备使用触摸屏和按钮皆可实现对电动机的启动/停止控制，控制线路如图 6-87 所示，除使用按钮对电动机启动/停止控制外，还可以通过触摸屏对电动机实现启动/停止控制，并由指示灯监控电动机的运行状态。

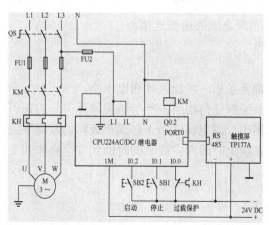

图 6-87　电动机的启动/停止控制电图

3. 项目分析

(1) 电动机有两种控制方式，PLC 控制和触摸屏控制。

(2) PLC 硬件接线、通信连接必须正确。

(3) 编写 PLC 程序，设置 PLC 的波特率与触摸屏波特率一致，将程序下载到 PLC。

(4) 运用 WinCC flexible 创建新项目，与 S7-200 PLC 建立连接，建立变量。

(5) 在项目中生成画面，对画面上的按钮、指示灯进行配置。

(6) 把 WinCC flexible 项目下载至触摸屏中。

(7) 实现 PLC 与触摸屏的在线运行。

(8) 项目参考画面如图 6-88 所示。

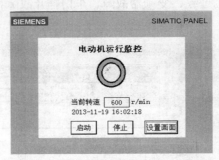

图 6-88　电动机运行监控画面

4. 项目实施

1) 项目任务

实现电动机的启动/停止控制，完成参数设置、接线、PLC 编程、调试等。

利用设备，拟好方案，完成项目任务。

2) 实践步骤

(1) 接线。(断开)电源开关→PLC 外部接线→触摸屏 24V 电源接线。

(2) 输入 PLC 程序，并下载到 PLC。

(2) 设置好画面，并下载到触摸屏。

(3) 建立 PLC 与触摸屏之间的通信连接。

(4) 调试及排除故障。

3) 安全注意事项

(1) 在检查电路正确无误后，才能进行通电操作。

(2) 操作过程中严禁手握任何物品，严禁触摸除开关外的任何低压电器。

(3) 严格按照步骤操作，通电调试操作必须在老师的监督下进行，严禁违规操作。

(4) 训练项目必须在规定时间内完成，同时做到安全操作和文明生产。

5. 项目指导

1) 触摸屏界面设计

(1) 创建监控画面和设置画面。项目的创建、通信连接及启动/停止按钮和指示灯的配置在前面已有详细阐述，这里主要讲述如何动态显示速度与时间以及画面的切换。

项目默认的画面是"画面_1",将其重命名为"监控画面",添加一幅新画面,将其改名为"设置画面"。在监控画面里,将左侧项目视图下的"设置画面"拖动到工作区,生成一个画面切换按钮,该按钮与"设置画面"相连,如图6-89所示。用同样的方法,在设置画面里也可以生成一个向监控画面切换的按钮。

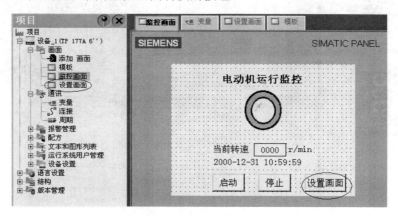

图6-89 用拖动功能创建画面切换按钮

(2) 新建变量。在变量表中创建整型变量(Int)"测量转速"和"轧机转速",存储地址分别为VW12和VW14,如图6-90所示。

名称	连接	数据类型	地址	数组计数	采集周期
启动按钮	连接_1	Bool	M 0.0	1	100 ms
停止按钮	连接_1	Bool	M 0.1	1	100 ms
电动机	连接_1	Bool	Q 0.2	1	100 ms
测量转速	连接_1	Int	VW 12	1	100 ms
轧车转速	连接_1	Int	VW 14	1	100 ms

图6-90 新建变量

(3) 创建IO域。在监控画面中,选中工具箱中的"简单对象",将"文本域"对象图标拖放到画面的合适位置并更改文本为"当前转速",将"IO域"对象图标拖放到"当前转速"的右边,然后再拖放一个"文本域",更改为r/min,如图6-91所示。

单击"IO域",在IO域属性视图下的"常规"界面中,设置IO域的模式为"输出",连接过程变量为"测试速度",在"属性"下的"外观"选项中,选择边框样式为"实心的"。

将工具箱中的"简单对象"下的"日期时间域"拖放到监控画面中合适的位置,即可动态显示当前的日期和时间。

在设置画面中,选中工具箱中的"简单对象",将"文本域"对象图标拖放到画面的合适位置,并更改文本为"电动机当前转速设定画面"。

用同样的方法建立文本域"轧车转速:",然后将"IO域"对象图标拖放到"轧车转速"的右边,然后再拖放两个"文本域"对象,一个更改为r/min,另一个更改为"转速范围:0~1500r/min",如图6-92所示。

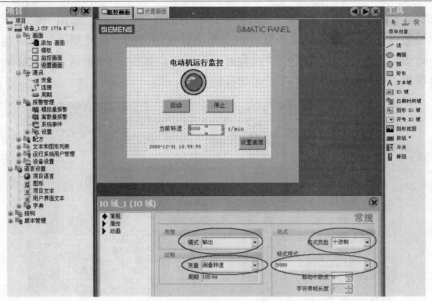

图 6-91　输出域的常规属性设置

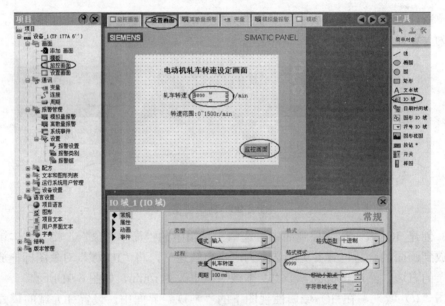

图 6-92　进行画面设置

(4) 报警设置。在项目视图中双击"报警管理"→"设置"文件夹下的"报警类别"图标，三种报警类别显示在工作区中的表格中，系统默认的"错误"和"系统"类的"显示的名称"为字符"!"和"$"，不太直观，将它们改为"错误"和"系统"。"警告"类没有"显示的名称"，设置警告类的显示名称为"警告"。在"错误"的属性视图中，将"已激活"下的 C 改为"到达"，将"已取消"下的 D 改为"已排除"，将"已确认"下的 D 改为"确认"，如图 6-93 所示。

① 离散量报警的配置。在变量表中创建字型(Word)变量"事故信息"，存储地址为MW10，一个字有 16 位，可以配置 16 个离散量报警，如图 6-94 所示。

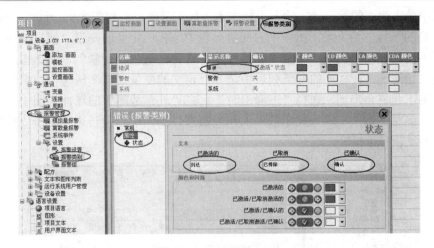

图 6-93　报警类别编辑器

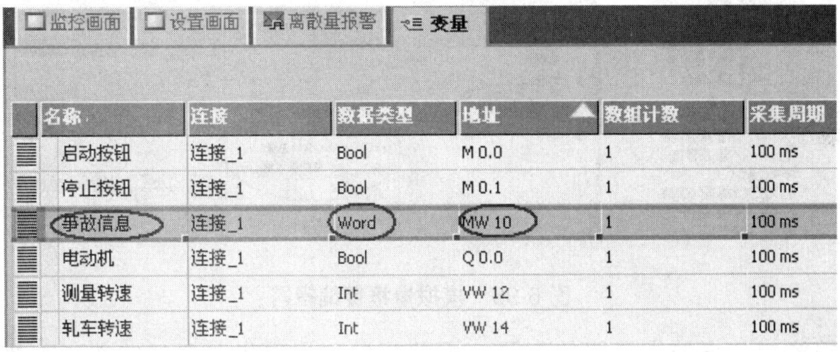

图 6-94　创建"事故信息"变量

电动机过载、变频器故障和车门打开这三个事故分别占用"事故信息"的第 0~2 位，如图 6-95 所示。

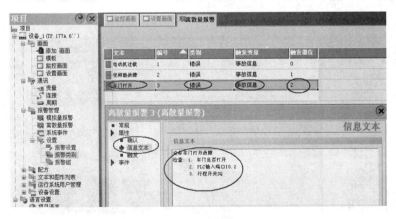

图 6-95　离散量报警编辑器

在左侧的项目视图中单击"离散量报警"图标，在离散量报警编辑器中单击表格的第一行，输入报警文本(对报警的描述)"电动机过载"。

② 模拟量报警的配置。在左侧的项目视图中单击"模拟量报警"图标，在模拟量报

警编辑器中单击表格的第一行，输入报警文本"轧车故障"，如图 6-96 所示。单击"触发变量"右侧的下拉三角形 ▼，在程序的变量列表中选择已定义的变量"测量转速"，单击"限制"下面的表格，出现"常量"和"变量"选择，选择"变量"，再单击"限制"右侧的下拉三角形 ▼，在程序的变量列表中选择已定义的变量"轧车转速"，单击"触发模式"右侧的下拉三角形 ▼，选择"下降沿时"，在"轧车故障"的属性视图中，选择"属性"下的"信息文本"，输入轧车故障的相应信息。则当"测量转速"小于"轧车转速"时，就会触发模拟量报警。

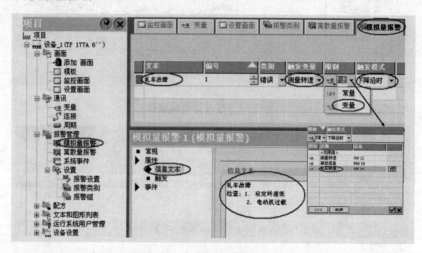

图 6-96　模拟量报警编辑器

③　报警窗口和报警指示器的配置。报警窗口和报警指示器只能在画面模板中进行配置。双击项目视图"画面"文件夹中的"模板"图标，打开模板画面。将工具箱的"增强对象"组中的"报警窗口"与"报警指示器"图标拖放到画面模板中，如图 6-97 所示。

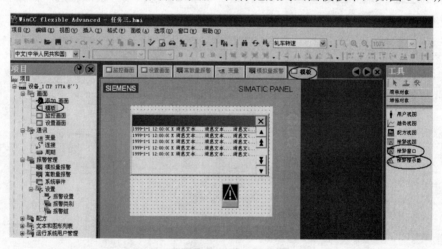

图 6-97　模板中的报警窗口与报警指示器

监控画面应用模板如图 6-98 所示。

设置画面应用模板如图 6-99 所示。

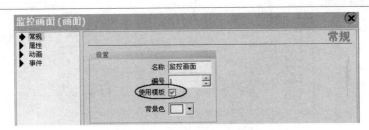

图 6-98　监控画面应用模板

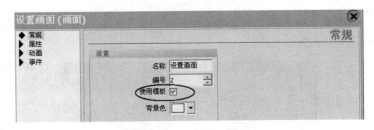

图 6-99　设置画面应用模板

在配置时，如果在其他画面设置"使用模板"，在该画面中将会出现浅色的报警窗口与报警指示器。在运行时，如果出现报警窗口设置的报警，报警窗口与报警指示器将会在当时出现的画面中出现，与该画面是否选择"使用模板"复选框无关。

在模板中设置报警窗口，在它的属性视图的"常规"界面中，用单选按钮设置显示"报警"，选中"未决报警"与"未确认的报警"复选框，如图 6-100 所示。

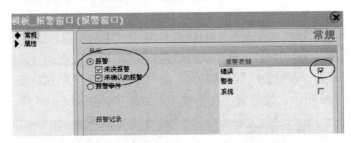

图 6-100　报警窗口"常规"属性设置

在"属性"类的"布局"界面中，设置"可见报警"为 5，如图 6-101 所示。

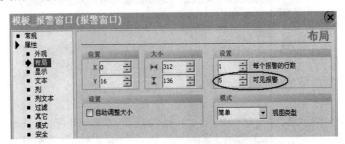

图 6-101　报警窗口"布局"属性的设置

在"属性"类的"显示"界面中，选中"垂直滚动条"、"垂直滚动"、"信息文本"按钮、"确认"按钮前的复选框，如图 6-102 所示。

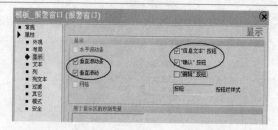

图 6-102　报警窗口"显示"属性的设置

在"属性"类的"列"界面中，选中"时间"、"状态"、"报警文本"、"日期"前的复选框，如图 6-103 所示。

图 6-103　报警窗口"列"属性的设置

2)　模拟运行

单击画面上工具栏的模拟仿真运行按钮，进入离线模拟运行状态。

(1)　单击"设置画面"按钮，进入设置画面，设定轧车转速为 700r/min，如图 6-104 所示。

(2)　单击运行模拟器的"变量"下的表格，选中"事故信息"，在"设置数值"栏设置为 7(2#0000 0000 0000 0111)，使"事故信息"的第 0~2 位都为 1，即离散量故障都发生，如图 6-105 所示。同样选中"测量转速"的"设置数值"为 600r/min，小于轧车转速 700r/min，如图 6-106 所示，模拟量"轧车故障"也发生，如图 6-107 所示。

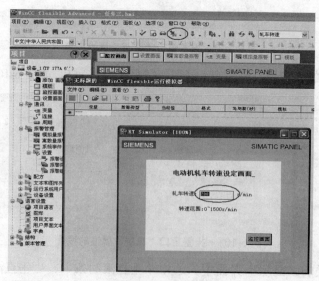

图 6-104　系统模拟运行

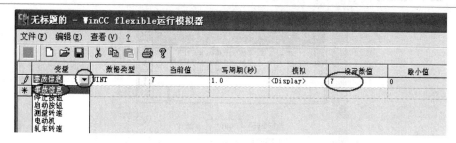

图 6-105　事故信息模拟

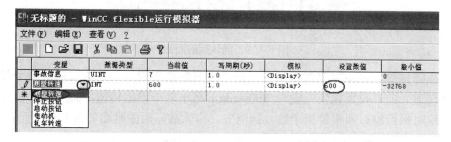

图 6-106　测量转速模拟

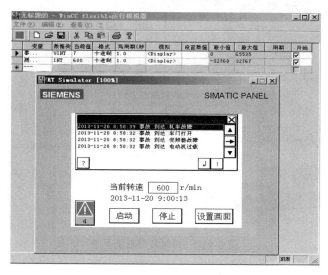

图 6-107　模拟运行中的报警窗口与报警指示器

(3) 显示故障文本信息。选中报警窗口中发生的故障，单击左侧的 ? 即可显示当前故障的信息文本，显示的文本信息如图 6-108 所示。

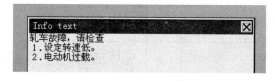

图 6-108　显示故障信息文本

(4) 故障确认。选中报警窗口中发生的故障，单击左侧的 ! 进行确认，确认后的画面如图 6-109 所示。

图 6-109　确认后的画面

(5) 故障排除。选中"事故信息"，把"设置数值"设为 0，离散量故障全部排除。将"测量转速"的"设置数值"设为 800r/min，高于轧车设定转速 700r/min，模拟量故障也排除，这时报警窗口和报警指示器一同消失。排除故障后的画面如图 6-110 所示。

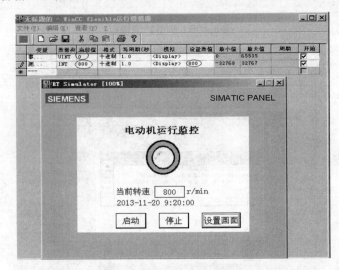

图 6-110　排除故障后的画面

6. 项目评估

任务质量考核要求及评分标准见表 6-7。

表 6-7　项目评分表

考核项目	考核要求	配分	评分标准	扣分	得分	备注
系统安装	会安装元件。 按图完整、正确及规范地接线。按照要求编号	30	元件松动扣 2 分，损坏一处扣 4 分。 错、漏线每处扣 2 分。 反圈、压皮、松动每处扣 2 分。 错、漏编号，每处扣 1 分			

续表

考核项目	考核要求	配分	评分标准	扣分	得分	备注
编程操作	会建立程序新文件。 正确输入梯形图。 正确保存文件。 会传送程序。 会转换梯形图	40	不能建立程序新文件或建立错误，扣 4 分。 输入梯形图错误每处扣 2 分。 保存文件错误，扣 4 分。 传送文件错误，扣 4 分。 转换梯形图错误，扣 4 分			
运行操作	操作运作系统，并分析运行的结果。 会监控梯形图。 编辑修改程序，完善梯形图	30	系统通道操作错误，每步扣 3 分。分析运行结果错误，每处扣 2 分。监控梯形图错误，每处扣 2 分。编辑修改程序错误，每处扣 2 分			
安全生产	自觉遵守安全文明生产规程		每违反一项规定，扣 3 分。 发生安全事故，0 分处理。 漏接接地线一处扣 5 分			
时间	4 小时		提前正确完成，每 min 加 5 分。超过定额时间，每 5min 扣 2 分			

开始时间： 　　　　　结束时间： 　　　　　实际时间：

6.6.3 多种液体的混合模拟控制

本项目通过 HMI 与 PLC 来实现两种液体混合控制模拟项目，通过 PLC 实现对系统的控制，HMI 与 PLC 进行数据交换，实现人机交互。通过此模拟项目的学习，学会用户管理配置、趋势视图配置与配方配制的知识。

1. 项目描述

本项目是为方便学习 WinCC flexible 组态技术而设计的一个模拟项目，与实际运行项目有区别，实际运行项目的液位检测是传感器，而本项目采用模拟运算而得到相关数据。

本任务通过多种液体混合控制项目模拟，来学习 WinCC flexible 用户组态技术、趋势设置、配方设置的应用，项目流程如图 6-111 所示。

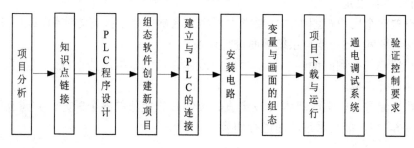

图 6-111 项目流程

项目要求如下。

(1) 制作画面模板，在模板画面中显示"多种液体混合控制系统"和日期时钟。

(2) 先设置两个画面，一个为主画面，一个为系统画面。两画面之间能进行切换。如图 6-112 和图 6-113 所示。

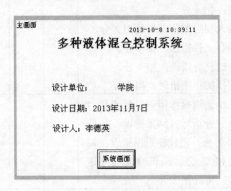

图 6-112　主画面　　　　　　　　　图 6-113　系统画面

(3) 在系统画面中做出两种液体混合的系统图。

(4) A 液体与 B 液体的数值可在 0~99 进行设置。液体总量为 A 与 B 液体的总和，为计算结果。

(5) 通过 HMI 可对模拟液体混合实现手动和自动控制。手动控制时，按下 A 阀就进 A 液体，松开就停止；B 阀与出料阀类似。设定 A 液体设定值、B 液体设定值，若容器为空，可进行自动控制。如 A 液体设定值为 10，B 液体设定值为 20，切换到自动控制时，则先打开 A 阀进 A 液体到 10 停止，再接着进 20 的 B 液体；当容器中总液体数量达到 30 时，B 液体停止流入，打开出料阀开始流出到空后再循环。

(6) 容器中的液体可动画显示，并通过棒图刻度标记当前数值。

(7) 为了显示流畅的液位动画，可通过 PLC 编写每秒加 1 或减 1 的程序，然后把 PLC 与 flexible 做好连接(模拟显示)。

(8) 设置若容器中的液位超过 100 时产生一个液位偏高的报警。

(9) 设置报警画面，并能实现系统画面之间的切换，如图 6-114 所示。

(10) 设置一个用户组"班组长"和一个用户名 user1，user1 属于"班组长"用户组，user1 的密码为 123。"班组长"用户组的权限为"操作"和"输入 A 设定值"。然后为系统画面中的 A 液体设定值设定安全权限。即一般用户不能进行 A 液体设定值的设定，用户 user1 可以进行设定。

(11) 设置一个用户视图画面，要求根据用户名操作登录按钮与注销按钮，能显示当前用户名。参考图 6-115，能与系统画面进行切换。

(12) 配置趋势视图画面，能显示容器中液体总量的数据趋势曲线。参考图 6-116，能与系统画面进行切换。

(13) 建立配方，能实现液体 A 设定值、液体 B 设定值的各个配方。并建立配方画面运行。参考图 6-117，能与系统画面进行切换。

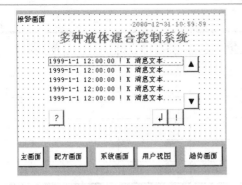

图 6-114　报警画面

图 6-115　用户管理画面

图 6-116　趋势视图画面

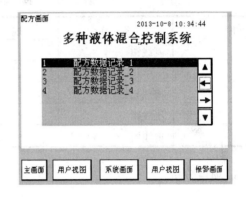

图 6-117　配方画面

2. 项目准备

完成项目所需要的条件，见表 6-8～6-10。

表 6-8　材料准备清单

序　号	材料名称	规　格	数　量	备　注
1	导线	线径 0.75	若干	
2	接线端子	U 型和 I 型	若干	
3	号码管		若干	

表 6-9　设备准备清单

序　号	名　称	规　格	数　量	备　注
1	电脑		1	1 套
2	PLC	S7-200	1	CPU224XP CN
3	触摸屏	TP177A	1	
4	直流稳压电源	24V	1	
5	熔断器	RT18-32X	2	熔芯 4A
6	编程电缆	PC/PPI	1	
7	通信电缆	MPI	1	

序　号	名　　称	规　格	数　量	备　注
8	电磁阀		3	
9	导轨		若干	
10	插线板	三孔	1	
11	电源	220V	1	
12	万用表	自备	1	
13	按钮		4	

表 6-10　工具、量具、刃具准备清单

序　号	名　　称	规　格	精　度	数　量
1	剥线钳			1 把/人
2	一字起			1 把/人
3	梅花起			1 把/人
4	压线钳			1 把/人
5	剪线钳			1 把/人

3. 项目分析

(1) 编写多种液体混合的 PLC 控制程序。要求在手动方式下，按住 A 阀触摸键，液体的值每秒增 1，按住 B 阀触摸键，液体的值每秒增 1，按住 C 阀触摸键，液体的值每秒减 1，液体总量为其代数和。当液体总量为 0 时，转化到自动方式下，A 阀打开，液体的值每秒增 1，当液体的总量等于 A 设定值时，关闭 A 阀，打开 B 阀，液体总量每秒增 1，当液体总量等于液体总量设定值时，关闭 B 阀，打开出料阀，液体的值每秒减 1，当液体的值等于 0 时，关闭出料阀，然后又打开 A 阀进料，循环执行。

(2) 运用 WinCC flexible 创建新项目，与 S7-200 PLC 建立连接，建立变量。

(3) 在项目中生成主画面、系统画面、报警画面、用户管理画面、趋势画面、配方画面，对各个画面进行配置。

(4) 把 WinCC flexible 项目下载至触摸屏中，并实现与 PLC 的在线运行。

(5) 项目参考画面如图 6-118 所示。

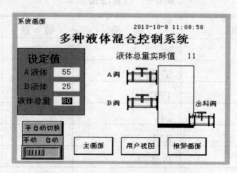

图 6-118　多种液体混合控制画面

4. 项目实施

1) 项目任务

基本任务：完成多种液体混合控制的设置、接线、PLC 编程、调试等。

创新子情景 1：触摸屏上的配方如何下载到 PLC 中……。

创新子情景 2：用触摸屏和外部开关两种方式实现项目控制。

利用设备，拟好方案，完成实操任务。

2) 实践步骤

(1) 接线。(断开)电源开关→(拟定)主、辅电路接线图→先接主电路，后接辅助电路。

(2) 输入 PLC 程序，并下载到 PLC。

(3) 设置好画面，并下载到触摸屏。

(4) 调试及排除故障。

(5) 方案试探。

① S7-200 PLC 通信设置。

系统块中的通信速率必须与其通信的触摸屏的通信速率一致，否则会造成 PLC 与触摸屏通信失败。参考图 6-119。

图 6-119 PLC 通信设置

② S7-200 PLC 程序设计。

● I/O 分配。首先编好 PLC 程序，控制程序各输入/输出点的分配如表 6-11 所示，当 M0.0 为 OFF 时，执行手动控制，当 M0.0 为 ON 时，执行自动控制。手动控制时，可操作手动阀控制液体的进出；自动控制时，先流入 A 液体至其设定值，再流入 B 液体致其设定值，接着流出混合液至容器为空，然后再循环。

表 6-11 输入/输出点分配

序　号	符　号	地　址	序　号	符　号	地　址
1	手自动切换	M0.0	7	驱动出料阀	Q0.2
2	手动 A 进料	M0.1	8	A 设定值	VW0
3	手动 B 进料	M0.2	9	B 设定值	VW2
4	手动出料	M0.3	10	总设定值	VW4
5	驱动 A 阀	Q0.0	11	实际液位值	VW6
6	驱动 B 阀	Q0.1	12		

● PLC 梯形图。根据工作要求及 I/O 分配表，编写的主程序，如图 6-120 所示。

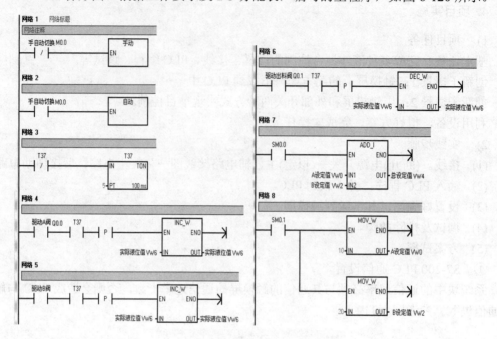

(a) 主程序

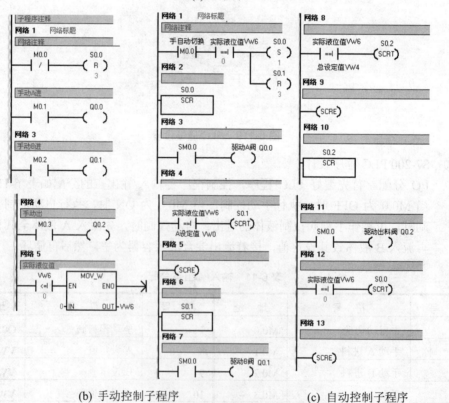

(b) 手动控制子程序　　　　(c) 自动控制子程序

图 6-120　多种液体混合控制程序

- PLC 程序下载。仿真调试程序成功后，用 PC/PPI 电缆，将 PLC 程序下载到 PLC 之中。

3) 项目线运行

用一条标准 SIMATIC MPI 通信线，把触摸屏与 S7-200 PLC 连接起来。运行 PLC，在线调试项目。

5. 项目指导

1) 项目实施步骤

(1) PLC 编程。编写梯形图→(录入到)计算机→(转为)"指令表"→(写出)到 PLC。

(2) 触摸屏组态设计。

(3) 触摸屏与 PLC 通信。

(4) 在线调试。

2) 安全注意事项

(1) 在检查电路正确无误后，才能进行通电操作。

(2) 操作过程中，严禁手握任何物品，严禁触摸除开关外的任何低压电器。

(3) 严格按照操作步骤操作，通电调试操作必须在老师的监视下进行，严禁违规操作。

(4) 训练项目必须在规定时间内完成，同时做到安全操作和文明生产。

6. 项目评估

任务质量考核要求及评分标准见表 6-12。

表 6-12　质量评分表

考核项目	考核要求	配分	评分标准	扣分	得分	备注
系统安装	会安装元件。 按图完整、正确及规范地接线。按照要求编号	30	元件松动扣 2 分，损坏一处扣 4 分。 错、漏线每处扣 2 分。 反圈、压皮、松动，每处扣 2 分。 错、漏编号，每处扣 1 分			
编程操作	会建立程序新文件。 正确输入梯形图。 正确保存文件。 会传送程序。 会转换梯形图	40	不能建立程序新文件或建立错误，扣 4 分。 输入梯形图错误，每处扣 2 分。 保存文件错误，扣 4 分。 传送文件错误，扣 4 分。 转换梯形图错误，扣 4 分			
运行操作	操作运作系统，分析运行结果。会监控梯形图。编辑修改程序，完善梯形图	30	系统通道操作错误，每步扣 3 分。 分析运行结果错误，每处扣 2 分。 监控梯形图错误，每处扣 2 分。 编辑修改程序错误，每处扣 2 分			

续表

考核项目	考核要求	配分	评分标准	扣分	得分	备注
安全生产	自觉遵守安全、文明生产规程		每违反一项规定，扣3分。 发生安全事故，0分处理。 漏接接地线一处，扣5分			
时间	4 小时		提前正确完成，每 min 加 5 分。 超过定额时间，每5min 扣2 分			

开始时间：　　　　　　结束时间：　　　　　　　　　　　实际时间：

6.6.4　PLC 与触摸屏的综合运用

本项目利用 PLC 和触摸屏，实现小车的装料卸料控制。控制分为手动控制与自动控制，小车后退的时间是前进的时间的一半。PLC 作为控制器，触摸屏作为人机界面，通过人机界面可监控小车的运行情况，并有相关的报警记录。

1. 项目描述

1)　项目要求

(1)　触摸屏部分设计要求。触摸屏要求包含 4 幅画面。

画面 1：显示一个文本，包括以下字符："小车自动往返监控系统"、"设计单位"、"指导老师"、"设计团体"、"售后服务电话"，包含一个按钮，按钮文本："系统"。

画面 2：显示一个文本："手动控制界面"；设置 8 个按钮，分别为"正转点动"、"反转点动"、"报警测试"、"解除报警"、"自动控制"、"系统返回"、"报警界面"、"过载"。

画面 3：显示一个文本："自动控制界面"；设置 9 个按钮，分别为"启动"、"停止"、"过载"、"报警测试"、"报警界面"、"急停按钮"、"解除报警"、"手动控制"、"系统返回"；设置一个数据输入单元，可以输入数据。

画面 4：显示电动机报警。

(2)　控制部分的设计要求。系统通电启动以后，首先显示画面 1，点击画面 1 中的"系统"按钮后，画面切换到画面 2。此时按下"正转点动"（"反转点动"）按钮，PLC 控制的正转(反转)输出驱动指示灯应该点亮；松开"正转点动"（"反转点动"）按钮，PLC 控制的正转(反转)输出驱动指示灯应该熄灭。按下"报警测试"按钮，PLC 控制的报警指示灯应该以 1Hz 的频率闪烁，直至按下"报警解除"按钮，报警指示灯熄灭；按下"自动控制"按钮，系统显示画面 3；按下"系统返回"按钮，触摸屏返回到画面 1。当触摸屏切换到画面 3 时，按下"启动"按钮，PLC 按照控制要求，自动完成操作任务，直至按下"停止"按钮或 PLC 外部的停止按钮，PLC 控制系统停止工作；在系统处于停止状态下，按下"系统返回"按钮，触摸屏返回到画面 1；在系统处于停止状态下，按下"手动控制"按钮，触摸屏返回到画面 2。在数据输入单元输入一个数据(大于 0，小于 10)，PLC

能将该数据作为定时器的定时时间处理(单位为秒)。

(3) PLC 部分的设计要求。PLC 控制系统用来控制一个小车进行自动往返，可以手动控制，也可以自动控制，控制方式由触摸屏画面决定。

① 手动控制。手动控制可以由触摸屏控制小车前进或后退，其他控制见触摸屏控制要求。

② 自动控制。在自动控制模式下，按下外部设立的启动按钮或触摸屏的"启动"按钮，小车先正转前进，前进时间由触摸屏设定(单位为秒)；前进过程结束后，延时 5 秒钟，小车自动后退，后退时间为前进时间的一半；后退过程结束，延时 5 秒钟，小车自动前进，如此循环……按下外部设立的停止按钮或触摸屏的"停止"按钮，小车立即停止。

③ 报警。无论在何种模式下，只要小车发生过载，或者按下了急停按钮，小车立即停止，PLC 控制的报警指示灯以 1Hz 的频率闪烁。报警条件消失，报警指示灯熄灭。

2) 项目流程

本项目的学习过程如图 6-121 所示。

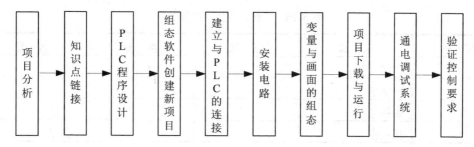

图 6-121　任务流程图

2. 项目准备

完成项目所需要的条件见表 6-13～6-15。

表 6-13　材料准备

序　号	材料名称	规　格	数　量	备　注
1	导线	线径 0.75	若干	
2	接线端子	U 型和 I 型	若干	
3	号码管		若干	

表 6-14　设备准备

序　号	名　称	规　格	数　量	备　注
1	电脑		1	1 套
2	PLC	S7-200	1	CPU224XP CN
3	触摸屏	TP177A	1	
4	直流稳压电源	24V	1	
5	熔断器	RT18-32X	2	熔芯 4A
6	编程电缆	PC/PPI	1	

序　号	名　　称	规　格	数　量	备　注
7	通信电缆	MPI	1	
8	电动机	WDJ24	1	
9	导轨		若干	
10	插线板	三孔	1	
11	电源	220V	1	
12	万用表	自备	1	
13	按钮		2	
14	断路器	GV2ME05/0.63-1A	1	
15	接触器		3	
16	报警灯		1	

表 6-15　工具、量具、刃具准备

序　号	名　　称	规　格	精　度	数　量
1	剥线钳			1 把/人
2	一字起			1 把/人
3	梅花起			1 把/人
4	压线钳			1 把/人
5	剪线钳			1 把/人

3. 项目分析

(1) 小车有手动控制与自动控制两种方式，故而要在触摸屏上设计转换开关，在 PLC 程序中利用跳转指令或子程序实现小车的手动与自动控制。

(2) 小车后退的时间是前进时间的一半，而且时间是可以修改的，因此定时器定时时间的设定可以是触摸屏上的整型变量，后退时间与前进时间利用除法指令来实现。

(3) 前进时间的设定要权限，因此要建立用户视图。

(4) 运行过程中要有报警记录，因此要建立离散量报警。

(5) 运用 WinCC flexible 创建新项目，与 S7-200 PLC 建立连接，建立变量，建立组态，实现对小车的控制。

(6) 把 WinCC flexible 项目下载至触摸屏中，并实现与 PLC 的在线运行。

(7) 项目参考画面如图 6-122 所示。

4. 项目实施

1) 项目任务

基本任务：完成循环灯控制的设置、接线、PLC 编程、调试等。

大家利用设备，拟好方案，完成项目任务。

图 6-122　小车自动往返监控系统画面

2)　实践步骤

(1)　接线。(断开)电源开关→PLC 外部接线→触摸屏 24V 电源接线。

(2)　输入 PLC 程序，并下载到 PLC。

(3)　设置好画面，并下载到触摸屏。

(4)　建立 PLC 与触摸屏之间的通信连接。

(5)　调试及排除故障。

3)　安全注意事项

(1)　在检查电路正确无误后才能进行通电操作。

(2)　操作过程中严禁手握任何物品，严禁触摸除开关外的任何低压电器。

(3)　严格按照操作步骤进行操作，通电调试操作必须在老师的监督下进行，严禁违规操作。

(4)　训练项目必须在规定时间内完成，同时，要做到安全操作和文明生产。

5. 项目指导

1)　元件选型

(1)　PLC 选型。PLC 选用 S7-200 CPU224XP CN，该 PLC 上自带有模拟量的输入输出通道，因此节省了元器件成本。

(2)　触摸屏选型。触摸屏选择为 TP177A 西门子触摸屏。

(3)　电动机选型。电动机为三相交流异步电动机。

2)　PLC 软元件分配

Q0.0：电动机正转(前进)。

Q0.1：电动机反转(后退)。

Q0.2：报警信号灯。

M0.0：控制方式选择开关。

3)　PLC 编程

(1)　PLC I/O 分配如表 6-16 所示。

(2)　PLC 梯形图。PLC 参考程序如图 6-123 所示。

表 6-16 PLC 输入/输出点分配

输 入			输 出		
元件名称、符号		输 入 点	元件名称、符号		输 出 点
紧急停止	SB1	I0.0	小车前进	KM1	Q0.0
热继电器	KH	I0.1	小车后退	KM2	Q0.1
			报警灯	L	Q0.2
			装料电磁阀	YV1	Q0.3
			卸料电磁阀	YV2	Q0.4

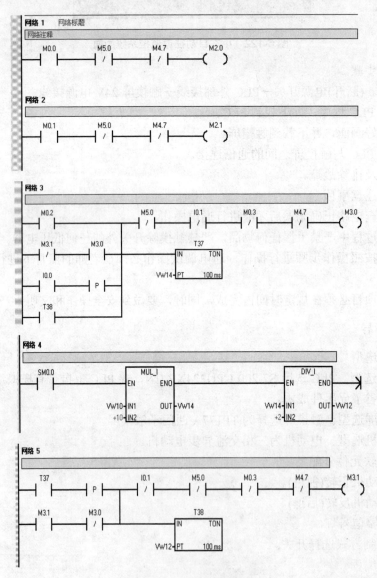

图 6-123 PLC 控制程序

网络 6

```
   M0.4      M0.5      M4.0
 ──┤├──┬──┤/├────────( )──
   M4.0  │
 ──┤├────┘
```

网络 7

```
   M4.0      SM0.5     Q0.2
 ──┤├──┬──┤├─────────( )──
   M5.0  │
 ──┤├────┤
   M4.7  │
 ──┤├────┘
```

网络 8

```
   M3.0      Q0.1      Q0.0
 ──┤├──┬──┤/├────────( )──
   M2.0  │
 ──┤├────┘
```

网络 9

```
   M3.1      Q0.0      Q0.1
 ──┤├──┬──┤/├────────( )──
   M2.1  │
 ──┤├────┘
```

网络 10

```
   M0.6             M4.7
 ──┤├──┤P├─────────( )──
   M4.7      C1
 ──┤├──┤/├──┘
```

网络 11

```
                          C1
   M0.6                 ┌──────┐
 ──┤├──┤P├──────────────┤CU CTU│
   M4.7                 │      │
 ──┤├──┤P├──────────────┤R     │
                      1─┤PV    │
                        └──────┘
```

网络 12

```
   M0.7             M5.0
 ──┤├──┤P├─────────( )──
   M5.0      C2
 ──┤├──┤/├──┘
```

图 6-123 （续）

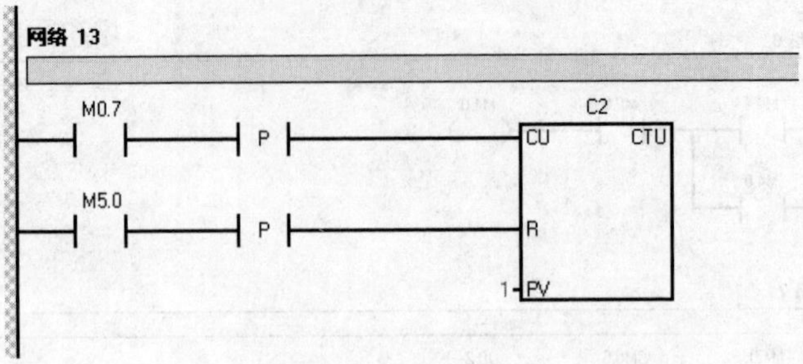

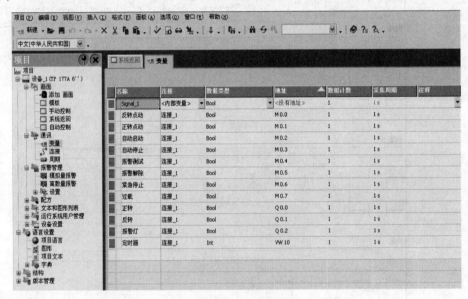

图 6-123 （续）

4) 触摸屏监控

(1) 建立触摸屏与 PLC 的通信连接。设置变量表，如图 6-124 所示。

图 6-124 设置变量

本项目设置了 4 个画面，分别为系统画面、手动控制界面、自动控制界面、报警界面，如图 6-125 ~ 6-128 所示。

图 6-125 系统画面

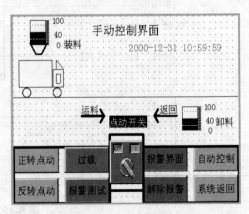

图 6-126 手动控制界面

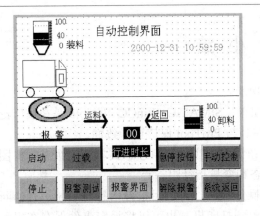

图 6-127　自动控制界面

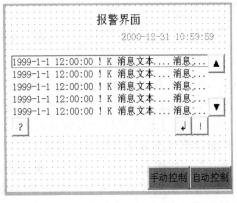

图 6-128　报警界面

6. 项目评估

任务质量考核要求及评分标准见表 6-17。

表 6-17　项目评分表

考核项目	考核要求	配分	评分标准	扣分	得分	备注
系统安装	会安装元件。 按图完整、正确及规范地接线。按照要求编号	30	元件松动扣 2 分，损坏一处扣 4 分。 错、漏线每处扣 2 分。 反圈、压皮、松动，每处扣 2 分。 错、漏编号，每处扣 1 分			
编程操作	会建立程序新文件。 正确输入梯形图。 正确保存文件。 会传送程序。 会转换梯形图	40	不能建立程序新文件或建立错误扣 4 分。 输入梯形图错误，每处扣 2 分。 保存文件错误，扣 4 分。 传送文件错误，扣 4 分。 转换梯形图错误，扣 4 分			
运行操作	操作运作，分析运行结果。 会监控梯形图。 修改程序，完善梯形图	30	系统通道操作错误，每步扣 3 分。 分析运行结果错误，每处扣 2 分。 监控梯形图错误，每处扣 2 分。 编辑修改程序错误，每处扣 2 分			
安全生产	自觉遵守安全文明生产规程		每违反一项规定，扣 3 分。 发生安全事故，0 分处理。 漏接接地线，每处扣 5 分			
时间	4 小时		提前正确完成，每 min 加 5 分。 超过定额时间，每 5min 扣 2 分			

开始时间：　　　　　结束时间：　　　　　　　实际时间：

本 章 小 结

本章介绍了人机界面的基本概念和主要功能。

西门子的人机界面以前使用 ProTool 来配置，SIMATIC WinCC flexible 是在被广泛认可的 ProTool 组态软件基础上发展起来的，并且与 ProTool 保持了一致性。

画面对象组态重点介绍 IO 域组态、按钮组态、指示灯组态、文本列表组态、棒图组态、管道与阀门组态、趋势图组态、配方组态和变量指针组态等。

报警用来指示控制系统中出现的事件或操作状态，可以用报警信息对系统进行诊断。报警事件可以在 HMI 设备上显示，或者输出到打印机，也可以将报警事件保存在报警记录中。

西门子 HMI 的用户权限由用户组决定，同一用户组的用户具有相同的权限。在运行系统时，通过"用户视图"来管理用户和口令。

习 题

(1) 触摸屏要求包含 3 幅画面。

画面 1：显示一个"小车自动往返监控系统"文本；包含一个按钮，按钮文本为"进入系统"。

画面 2：显示一个"手动控制界面"文本；设置 6 个按钮，分别为"正转点动"、"反转点动"、"报警测试"、"报警解除"、"自动控制"、"系统返回"。

画面 3：显示一个"自动控制界面"文本；设置 4 个按钮，分别为"系统启动"、"系统停止"、"手动控制"、"系统返回"；设置一个数据输入单元，可输入 1 位数据。

控制要求：系统通电启动以后，首先显示画面 1，点击画面 1 的"进入系统"按钮后，将切换到画面 2。此时按下"正转点动"（"反转点动"）按钮，PLC 控制的正转(反转)输出驱动指示灯应该点亮；松开"正转点动"（"反转点动"）按钮，PLC 控制的正转(反转)输出驱动指示灯应该熄灭。按下"报警测试"按钮，PLC 控制的报警指示灯应该以 1Hz 的频率闪烁，直至按下"报警解除"按钮，报警指示灯熄灭；按下"自动控制"按钮，系统显示画面 3；按下"系统返回"按钮，触摸屏返回到画面 1。当触摸屏切换到画面 3 时，按下"系统启动"按钮，PLC 将按照控制要求，自动完成操作任务，直至按下"系统停止"按钮或 PLC 外部的停止按钮，PLC 控制系统停止工作；在系统处于停止状态下，按下"系统返回"按钮，触摸屏返回到画面 1；在系统处于停止状态下，按下"手动控制"按钮，触摸屏返回到画面 2。在数据输入单元输入一个数据(大于 0，小于 10)，PLC 能将该数据作为定时器的定时时间处理(单位为秒)。

(2) 某车间有 5 个工作台，装卸料小车往返于各个工作台之间，并根据请求在某个工作台卸料。每个工作台有 1 个位置开关(分别为 SQ1~SQ5，小车压上时为 ON)和 1 个呼叫按钮(分别为 SB1~SB5)。卸料小车有 3 种运行状态，即左行(电动机正转)、右行(电动机反转)和停车。小车多地送料控制示意图如下所示。

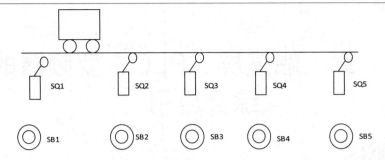

用触摸屏、PLC 实现小车多地送料控制。要求画出硬件接线图，编写 PLC 控制程序，画出触摸屏控制界面。

控制任务和要求如下。

① 假设小车的初始位置是停在 M(M=1~5)号工作台，此时 SQM 为 ON。

② 假设 N(N=1~5)号工作台呼叫。如果 M>N，则小车左行，到呼叫工作台停车；如果 M<N，则小车右行，到呼叫工作台停车；如果 M=N，则小车不动。

③ 小车的停车位置由指示灯指示。

第 7 章 触摸屏、PLC、变频器的综合应用

本章重点介绍触摸屏与 PLC 及变频器的综合应用，通过工程实例，全面提升工程应用能力。

学习目标

- 掌握触摸屏与 PLC 和变频器的组合工作原理。
- 掌握项目开发的基本方法。
- 掌握工程实际应用中的调试方法。

7.1 电动机变频调速与故障报警

本项目通过一个电动机变频调速与故障报警的案例，学习 WinCC flexible 变频器调速、模拟量扩展模块、高速计数器的知识。

1. 项目描述

1) 项目要求

本项目的控制要求如下。

(1) 电动机调速控制系统由 PLC、触摸屏和变频器构成，要求控制功能强，操作方便。

(2) 可以在屏幕上通过修改和设定电动机的转速来实现电动机调速控制。

(3) 既可以通过触摸屏操作画面上的"启动"、"停止"按钮对电动机进行控制，也可以由启动/停止按钮进行控制。外接硬件"紧急停车"按钮，用于生产现场出现紧急情况或触摸屏无法显示时停机。

(4) 出现故障时自动停车，并显示故障画面。

2) 项目流程

项目流程如图 7-1 所示。

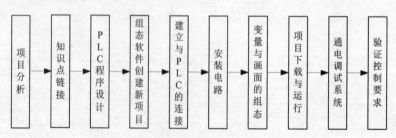

图 7-1 项目流程

2. 项目导入

1)　主电路

电气控制系统的主电路如图 7-2 所示，电动机受 MM440 变频器调速，由空气开关 QF1 提供过载和短路保护。

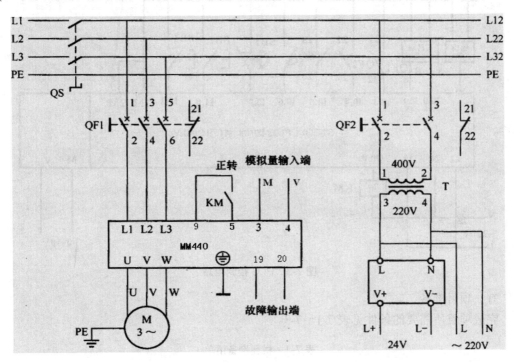

图 7-2　主电路

变频器的模拟量输入端连接 PLC 的电压输出端 V、M，随 D/A 转换电压对电动机进行调速。变频器正转控制端 5 受接触器 KM 控制，3、4 端为模拟量输入端，模拟电压为 0~10V，对应的转速为 0~1500r/min。

电源 380V AC 经变压器 T 降压为 220V AC，提供 PLC 使用，220V AC 经整流后输出 24V DC 供给触摸屏、旋转编码器使用。

2)　PLC 控制电路

PLC 控制电路如图 7-3 所示。

控制电路由西门子 S7-200 CN(CPU224XP CN AC/DC/RLY) PLC、触摸屏 TP177A6″组成，使用旋转编码器对电动机转速进行测量。

触摸屏使用 24V 直流电源，与 PLC 通过通信电缆进行通信；旋转编码器的 A 相脉冲输出接 I0.0，B 相脉冲接 I0.1。

S7-200 CN(CPU224XP CN AC/DC/RLY) PLC 有两个模拟量输出接口，在本系统中只用到一个(V,M)，对应的输出地址为 AQW0。其中 V 是电压输出端，M 是公共端。这个模拟量连接到变频器的 3、4 端，用于对电动机进行调速。

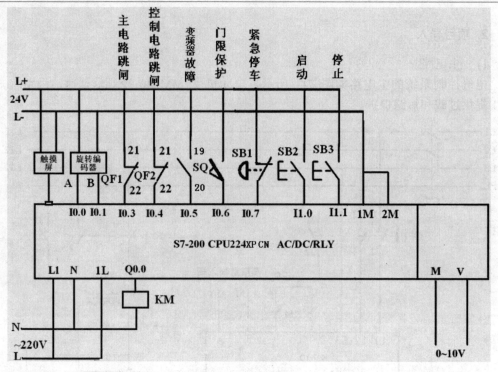

图 7-3　PLC 控制电路

3)　项目准备

完成项目所需要的条件见表 7-1～7-3。

表 7-1　材料准备清单

序　号	材料名称	规　格	数　量	备　注
1	导线	线径 0.75	若干	
2	接线端子	U 型和 I 型	若干	
3	号码管		若干	

表 7-2　设备准备清单

序　号	名　称	规　格	数　量	备　注
1	电脑		1	1 套
2	PLC	S7-200	1	CPU224XP CN
3	触摸屏	TP177A	1	
4	直流稳压电源	24V	1	
5	断路器	RT18-32X	2	熔芯 4A
6	变压器			
7	接触器		1	
8	编程电缆	PC/PPI	1	
9	通信电缆	MPI	1	

续表

序　号	名　　称	规　格	数　量	备　注
10	旋转编码器		1	
11	导轨		若干	
12	插线板	三孔	1	
13	电源	220V	1	
14	万用表	自备	1	
15	按钮		3	
16	行程开关		1	
17	变频器	MM440	1	

表 7-3　工具、量具、刃具准备清单

序　号	名　　称	规　格	精　度	数　量
1	剥线钳			1 把/人
2	一字起			1 把/人
3	梅花起			1 把/人
4	压线钳			1 把/人
5	剪线钳			1 把/人

3. 项目分析

(1) 电动机有两种控制方式，PLC 控制和触摸屏控制。

(2) PLC、变频器硬件接线、通信连接必须正确。

(3) 编写 PLC 程序，设置 PLC 的波特率与触摸屏波特率一致，将程序下载到 PLC

(4) 运用 WinCC flexible 创建新项目，与 S7-200 PLC 建立连接，建立变量。

(5) 在项目中生成画面、对画面上的按钮、指示灯进行组态(设置)。

(6) 把 WinCC flexible 项目下载至触摸屏中。

(7) 实现 PLC 与触摸屏的在线运行。

(8) 项目参考画面如图 7-4 所示。

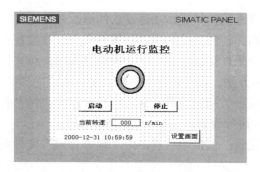

图 7-4　电动机运行监控画面

4. 项目指导

1）触摸屏界面设计

（1）建立触摸屏与 PLC 的通信连接。打开触摸屏组态软件，选择设备为 TP 177A 6″，双击项目视图中"通讯"文件夹下的"连接"，选择 SIMATIC S7 200，通信的波特率为19200，如图 7-5 所示。

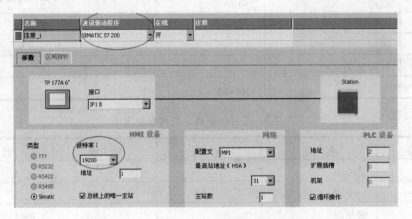

图 7-5　建立触摸屏与 PLC 的通信连接

（2）创建变量。按如图 7-6 所示创建变量，将采样周期由默认的 1s 改为 100ms，以提高故障的反应速度。

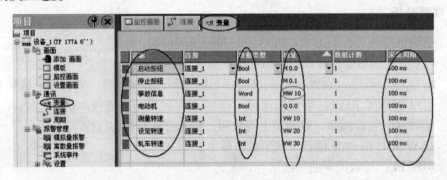

图 7-6　创建的变量

（3）监控画面和设置画面的配置。项目默认的画面是"画面_1"，将其重命名为"监控画面"，添加一幅新画面，将其改名为"设置画面"。在监控画面中，将左侧项目视图下的"设置画面"拖动到工作区，生成一个画面切换按钮，该按钮与"设置画面"相连，如图 7-7 所示。用同样的方法，在设置画面里可以生成一个向"监控画面"切换的按钮。

（4）报警的配置。报警类别的设置。双击项目视图中"报警管理"文件夹下的"报警类别"，按如图 7-8 所示进行设置。

（5）离散量报警的配置。双击项目视图中"报警管理"文件夹下的"离散量报警"，按图 7-9 所示进行设置。

在"离散量报警"属性视图的"属性"→"信息文本"内输入"主电路跳闸故障　检查：1.PLC 输入端口 I0.3　2.空气开关 QF1　3.电动机"。

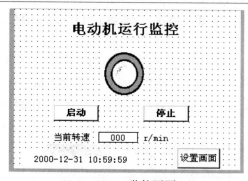

(a) 监控画面　　　　　　　　　(b) 设置画面

图 7-7　配置监控画面和设置画面

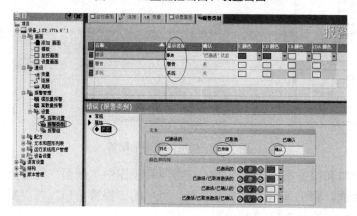

图 7-8　报警类别的设置

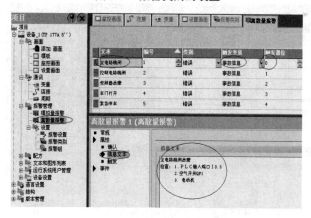

图 7-9　离散量报警的设置

　　在"控制电路跳闸"属性视图的"属性"→"信息文本"内输入"控制电路跳闸故障检查：1.PLC 输入端口 I0.4　2.气开关 QF2"。

　　在"变频器故障"的"信息文本"内输入"变频器故障　检查：1.PLC 输入端口 I0.5　2.变频器"。

　　在"车门打开"的"信息文本"内输入"设备车门打开故障　检查：1.车门是否打开2.PLC 输入端口 I0.6　3.行程开关 SQ"。

在"紧急停止"的"信息文本"内输入"出现紧急情况 检查：1.PLC 输入端口 I0.7 2.紧急情况发生"。

(6) 模拟量报警的配置。双击项目视图中"报警管理"文件夹下的"模拟量报警"，按图 7-10 进行设置。将轧车故障的触发变量选为"测量转速"，将限制选为变量"轧车转速"，触发模式选为"下降沿时"，为"信息文本"输入"轧车故障 检查 1.设定转速低 2.电动机过载"。

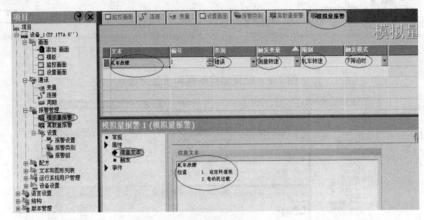

图 7-10　模拟量报警的配置

(7) 报警窗口和报警指示灯的配置。双击项目视图中"画面"文件夹下的"模板"图标，打开模板画面，将工具箱中"增强对象"组中的"报警窗口"与"报警指示器"图标拖放到画面模板中，按图 7-11 进行设置。

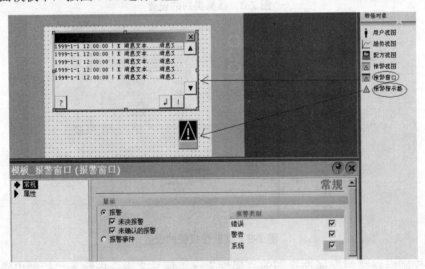

图 7-11　模板中的报警窗口与报警指示器配置

2) PLC 控制程序设计

(1) 电动机转速的测量与显示。电动机的转速可由旋转编码器测量，旋转编码器的主要技术参数见表 7-4。

表 7-4　旋转编码器的主要技术参数

型　号		TRD-J100-RZ
电　源	电源电压	DC 4.75~30V
输出波形	消耗电流(无负载)	≤60mA
	信号形式	两相+原点 50±25%(矩形波)
	原点信号宽度	50%~150%
	上升/下降时间	≤3μs(电缆 50cm 以下)
输出	输出形式	推拉输出
	输出电流	输出 H	≤10mA
		输入 L	≤30mA
	输出电压	H	≥((电源电压)-2.5V)
		L	≤0.4V
	输出基准	TTL5V	10TTL
	负载电源电压		≤DC 30V

　　旋转编码器与电动机同轴安装，其电缆接线如图 7-12 所示。绿色线为输出脉冲信号 A 相，白色线为输出脉冲信号 B 相，黄色线为零脉冲信号 Z 相，红色线为电源(接 24V L-)。当电动机主轴旋转时，每旋转一圈，编码器输出 65 个 A/B 相正交脉冲信号(A 与 B 的相位相差 90°)。由于电动机的主轴转速高达每分钟上千转，所以使用高速计数器 HSC0 对 A/B 相正交信号进行计数，应用高速计数器 HSC0 的模式 9，对应的 A 相脉冲接 I0.0，B 相接 PLC 的 I0.1，由于只对转速进行测量，所以清零脉冲 Z 相不接。

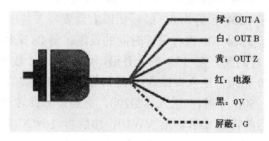

图 7-12　旋转编码器接线

　　(2) PLC 输入输出端口分配。电动机做转速测量所用到的编程元件地址分配如表 7-5 所示。

表 7-5　输入输出端口分配

类　别	地　址	作　用
旋转编码器 A 相	I0.0	A 相脉冲输入
旋转编码器 B 相	I0.1	B 相脉冲输入
断路器 QF1	I0.3	主电路跳闸

类 别	地 址	作 用
断路器 QF2	I0.4	控制电路跳闸
变频器故障输出	I0.5	变频器故障
限位 SQ	I0.6	门限保护
急停按钮 SB1	I0.7	紧急停车
启动 SB2	I1.0	启动
停止 SB3	I1.1	停止
触摸屏"启动按钮"	M0.0	启动按钮
触摸屏"停止按钮"	M0.1	停止按钮
接触器 KM	Q0.0	控制电动机
高速计数器 HSC0	SMB37	控制字节
	SMB38	初始值
	HC0	当前值
触摸屏显示的当前转速	VW10	速度显示存储器
存储器	VW20	触摸屏设定转速
存储器	AQW0	模拟量输出存储器
定时器	T38	采样时间

(3) PLC 梯形图。三相异步电动机启动/停止与调速程序如图 7-13 所示。

在网络 1 中，开机(SM0.1=1)调用子程序 SBR_0 对高速计数器 HSC0 初始化。在子程序 SBR_0 中先将 16#CC(2#1100 1100)送入控制字节 SMB37，其含义包括允许 HSC、更新初始值、预置值不更新、不更新计数方向、增计数器、1 倍计数率，然后将 HSC0 定义为模式 9，初始值存储器 SMD38 预置为 0，最后把以上设置写入并启动高速计数器 HSC0。

在网络 2 中，利用定时器 T38 进行采样时间的设定，每 2s 采样一次。

在网络 3 中，采样时间到，在 T38 的上升沿，读取高速计数器的值 HC0 并将其送入 VD500，将 VD500 与 30 相乘，送入 VD600，得到每分钟的计数值，再将 VD600 除以 500 (旋转编码器转一圈输出 500 个脉冲)送入 VD700，得到每分钟转速，取 VD700 的低位字 (VM702)送入触摸屏的当前转速显示单元 VW10；然后将 16#CC(2#1100 1100)送入控制字节 SMB37，初始值清 0(0 送入 SMB38)；最后把以上设置写入并启动高速计数器 HSC0。

在网络 4 中，由于紧急停车按钮为常闭按钮，所以 I0.7 预先接通，当按下启动按钮 I1.0 或触摸屏"启动按钮"M0.0 时，电动机 Q0.0 启动并自锁。当按下停止按钮 I1.1 或触摸屏"停止按钮"M0.1 时，电动机 Q0.0 停止并解除自锁。

在网络 5 中，4 极三相异步电动机的额定转速 1430r/min 对应的频率为 50Hz，则所设定转速的频率为"设定转速/1430×50"，而设定转速每分钟高达 1000 多转，乘以 50，超过了整数字量的最大值 32000，用整数相乘双整数输出 MUL，所以在图 7-14 所示的程序梯形图网络 5 中，将设定转速 VW20 先乘以 50 送入 VD100。将 VD100 除以 1430 为小数，要先把 VD100 转换为实数，所以用双整数转换为实数 DI_R，将 VD100 转换为实数送入 VD110。然后用实数相除指令 DIV_R 除以 1430.0，再由四舍五入取整 ROUND 送入 VD200，得到设定转速所对应的频率值。

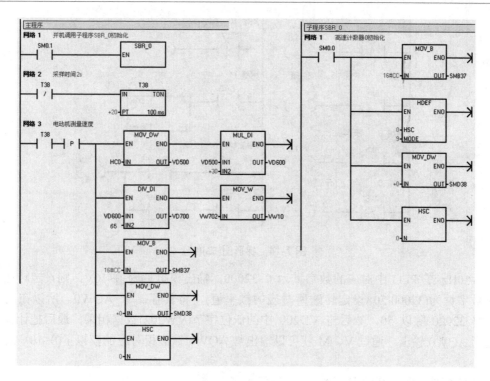

图 7-13 梯形图(一)

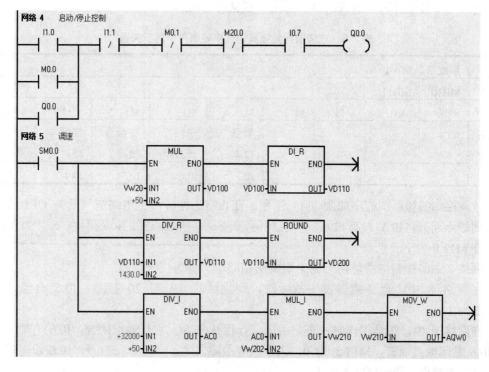

图 7-14 梯形图(二)

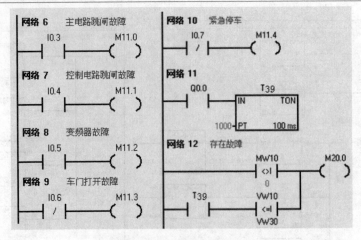

图 7-14　梯形图(二)(续)

0~50Hz 在 PLC 中对应的数字量为 0~32000，输出模拟量为 0~10V，则设定转速所对应的数字量为(32000/50×设定转速所对应的频率值)，将其存储于 AQW0。所以在网络 5 中，将 32000 除以 50，然后与 VD200 中的低位字节(VW202)数据相乘，最后把计算结果传送到 AQW0 输出。通过 V、M 就可以输出与 AQW0 数值相对应的模拟量(0~10V 之间的值)。

网络 6 到网络 11 为故障控制。

故障位与触摸屏的"事故信息"对应关系见表 7-6。

表 7-6　故障位与触摸屏的"事故信息"对应关系

字	事故信息 MW10							
字节	MB10	MB11						
位		MB11.7	M11.6	M11.5	M11.4	M11.3	M11.2	M11.1	M11.0
故障信息					紧急停车	车门打开故障	变频器故障	控制电路跳闸	主电路跳闸
输入					I0.7	I0.6	I0.5	I0.4	I0.3

故障控制的梯形图程序如图 7-14 所示。在正常工作时，主电路空气开关 QF1 合闸，其常闭触点断开，I0.3 没有输入，一旦跳闸，QF1 常闭触点接通，在网络 6 中，I0.3 接通，使 M11.0 为 1。

网络 7 中的控制电路跳闸与主电路跳闸相同。

在网络 8 中，当变频器发生故障时，变频器的 19 与 20 接通，I0.5 有输入，使 M11.2 为 1。

在网络 9 中，正常工作时，车门关闭，行程开关 SQ 常开触点闭合，I0.6 有输入，所以 I0.6 常闭触点断开，M11.3 为 0，表示没有故障发生。一旦车门打开，I0.6 没有输入，I0.6 的常闭触点接通，M11.3 为 1。

在网络 10 中，正常工作时，紧急停车按钮 SB1 是接通的，I0.7 有输入，常闭触点断开，M11.4 为 0。当按下紧急停车按钮 SB1 时，I0.7 没有了输入，I0.7 常闭触点接通，

M11.4 为 1。同时，网络 4 中，I0.7 常开触点断开，Q0.0 断电并解除自锁，电动机停机。

在网络 11 中，当发生离散量报警故障(MW10 不等于 0)或者测量转速(VW10)小于等于轧车转速(VW30)时，M20.0 有输出，网络 4 中的 M20.0 常闭触点断开，Q0.0 断电，电动机停机。

5. 项目实施

1) 项目任务

基本任务：完成电动机的启动/停止控制、参数的设置、接线、PLC 编程、调试等。

利用设备，拟好方案，完成项目任务。

2) 实践步骤

操作步骤如图 7-15 所示。

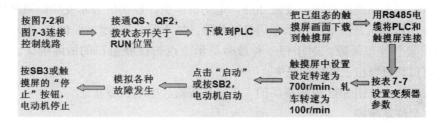

图 7-15　操作步骤

(1) 接线。按图 7-2 和图 7-3 所示电路连接三相异步电动机控制线路。

(2) 接通 QS、QF2，拨 PLC 状态开关于 RUN 位置。

(3) 将 PC/PPI 电缆接连到 PLC，打开 PLC 电源，启动编程软件，单击工具栏中的停止图标■，使 PLC 处于 STOP 状态。把梯形图下载到 PLC 中，断开 QF2。

(4) 将 PC/PPI 电缆接连到触摸屏，接通 QF2，把已配置好的触摸屏画面下载到触摸屏，然后关闭 QF2。

(5) 用 RS485 电缆将 PLC 与触摸屏连接起来。

(6) 接通 QF1，设置变频器参数。变频器参数设置见表 7-7。

表 7-7　变频器参数的设置

参 数 号	出 厂 值	设 置 值	功 能 说 明
P0003	1	1	P0003=1，标准级(基本的应用)
P0010	30	1	P0010=1，快速调试
P0304		380	电动机额定电压(V)
P0305		0.35	电动机额定电流(A)
P0307		0.06	电动机额定功率(kW)
P0310		50	电动机额定频率(Hz)
P0311		1430	电动机额定转速(r/min)
P0003	1	2	P0003=2，扩展级(标准应用)
P0010	30	0	P0010=0，准备运行

参 数 号	出 厂 值	设 置 值	功能说明
P0700	2	2	P0700=2，命令源选择从端子排输入
P1000	2	2	频率设定值选择为模拟输入
P1080	0	0	电动机运行的最低频率
P1080	50	50	电动机运行的最高频率

(7) 接通 QF1，进入触摸屏的设置画面，设置设定转速为 700r/min、轧车转速为 100r/min，按"监控画面"按钮，返回监控画面，按"启动"按钮或启动按钮 SB2，观察当前转速显示。设置不同的转速，观察当前转速是否改变。

(8) 接通 I0.3，电动机停机，触摸屏显示主电路跳闸故障；接通 I0.4，电动机停机，触摸屏显示控制电路跳闸故障；接通 I0.5，电动机停机，触摸屏显示变频器跳闸故障。断开 I0.6，电动机停机，触摸屏显示车门打开故障；按下紧急停止按钮 I0.7，电动机停机，触摸屏显示紧急停车故障。对于每一种故障显示，点击报警窗口的故障确认，故障排除后，报警窗口和报警指示器自行消失。

(9) 按下停止按钮 SB3 或触摸屏的"停止"按钮，电动机停止。

3) 安全注意事项

(1) 在检查电路正确无误后，才能进行通电操作。

(2) 操作过程中严禁手握任何物品，严禁触摸除开关外的任何低压电器。

(3) 严格按照操作步骤进行操作，通电调试操作必须在老师的监督下进行，严禁违规操作。

(4) 训练项目必须在规定时间内完成，同时做到安全操作和文明生产。

6. 项目评估

任务质量考核要求及评分标准见表 7-8。

表 7-8　项目评分表

考核项目	考核要求	配分	评分标准	扣分	得分	备注
系统安装	会安装元件。 按图完整、正确及规范地接线。按照要求编号	30	元件松动扣 2 分，损坏一处扣 4 分。 错、漏线每处扣 2 分。 反圈、压皮、松动，每处扣 2 分。 错、漏编号，每处扣 1 分			
编程操作	会建立程序新文件。 正确输入梯形图。 正确保存文件。 会传送程序。 会转换梯形图	40	不能建立程序新文件或建立错误，扣 4 分。 输入梯形图错误，每处扣 2 分。 保存文件错误，扣 4 分。 传送文件错误，扣 4 分。 转换梯形图错误，扣 4 分			

续表

考核项目	考核要求	配分	评分标准	扣分	得分	备注
运行操作	操作运作系统，并分析运行的结果。 会监控梯形图。 编辑修改程序，完善梯形图	30	系统通道操作错误，每步扣 3 分。 分析运行结果错误，每处扣 2 分。 监控梯形图错误，每处扣 2 分。 编辑修改程序错误，每处扣 2 分			
安全生产	自觉遵守安全文明生产规程		每违反一项规定，扣 3 分。 发生安全事故，0 分处理。 漏接接地线一处，扣 5 分			
时间	4 小时		提前正确完成，每 min 加 5 分。 超过定额时间，每 5min 扣 2 分			
开始时间:		结束时间:		实际时间:		

7.2　基于 PLC、触摸屏的温度控制

在工业生产中，有许多需要对温度、压力等连续的模拟量进行恒温、恒压控制的情形，其中，应用 PID 控制(实际中也有 PI 和 PD 控制)最为广泛。一个最典型的例子是恒温箱的恒温控制。

本项目利用 PLC 的 PID 控制，实现对恒温箱的温度恒定控制。温度控制范围为 25~100℃，PLC 作为控制器，触摸屏作为人机界面，通过人机界面可设定温度和其他维持系统运行的各种参数。

1. 项目描述

1)　项目要求

在恒温箱内装有一个电加热元件和一个致冷风扇，电加热元件和风扇的工作状态只有 OFF 和 ON，即不能自行调节。现要控制恒温箱的温度恒定，且能在 25~100℃范围内可调，如图 7-16 所示。

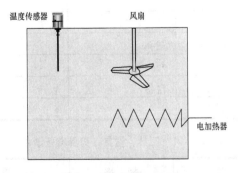

图 7-16　恒温箱示意图

2)　项目流程

本项目的学习过程如图 7-17 所示。

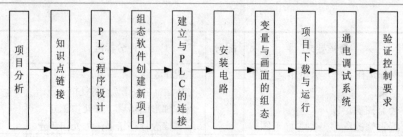

图 7-17　任务流程

2. 项目准备

完成项目所需要的条件见表 7-9～7-11。

表 7-9　材料准备清单

序　号	材料名称	规　格	数　量	备　注
1	导线	线径 0.75	若干	
2	接线端子	U 型和 I 型	若干	
3	号码管		若干	

表 7-10　设备准备清单

序　号	名　称	规　格	数　量	备　注
1	电脑		1	1 套
2	PLC	S7-200	1	CPU224XP CN
3	触摸屏	TP177A	1	
4	直流稳压电源	24V	1	
5	熔断器	RT18-32X	2	熔芯 4A
6	编程电缆	PC/PPI	1	
7	通信电缆	MPI	1	
8	恒温箱		1	
9	导轨		若干	
10	插线板	三孔	1	
11	电源	220V	1	
12	万用表	自备	1	
13	按钮		2	

表 7-11　工具、量具、刃具准备清单

序　号	名　称	规　格	精　度	数　量
1	剥线钳			1 把/人
2	一字起			1 把/人
3	梅花起			1 把/人

序　号	名　称	规　格	精　度	数　量
4	压线钳			1 把/人
5	剪线钳			1 把/人

3. 项目分析

(1) 对恒温箱进行恒温控制，要对温度值进行 PID 调节。用 PID 运算的结果去控制接通电加热器或制冷风扇，但由于电加热器或制冷风扇只能为 ON 或 OFF，不能接受模拟量调节，故采用"占空比"的调节方法。

(2) 运用 WinCC flexible 创建新项目，与 S7-200 PLC 建立连接，建立变量，建立组态，实现对温度的控制。

(3) 把 WinCC flexible 项目下载至触摸屏中，并实现与 PLC 的在线运行。

(4) 项目参考画面如图 7-18 所示。

图 7-18　恒温箱温度监控画面

4. 项目实施

1) 元件选型

(1) PLC 选型。PLC 选择 S7-200 CPU224XP CN，该 PLC 上自带有模拟量的输入和输出通道，因此节省了元件成本。CPU224XP 自带的模拟量 I/O 规格如表 7-12 所示，含有两个模拟量输入通道和一个模拟量输出通道。

表 7-12　CPU224XP 自带的模拟量 I/O 规格

信号类型	电压信号	电流信号
模拟量输入×2	+10V	-
模拟量输出×1	0~10V	0~20mA

在 S7-200 中，单极性模拟量输入/输出的信号数值范围是 0~32000；双极性模拟量信号的数值范围是 -32000 ~ +32000。

(2) 触摸屏选型。选择 TP177A 西门子触摸屏。

(3) 温度传感器选型。温度传感器选择 PT100 热电阻，带变送器。测量范围为 0~100℃，输出信号为 4~20mA，串联电阻把电流信号转换成 0~10V 的电压信号，送入 PLC 的模拟量输入通信端。

2) PLC 软元件分配

PLC 软元件分配如下。

Q1.0：控制接通加热器。

Q1.1：控制接通制冷风扇。

AIW0：接收温度传感器的温度检测值。

3) PLC 编程

控制方法如下。

对恒温箱进行恒温控制，要对温度值进行 PID 调节。用 PID 运算的结果去控制接通电加热器或制冷风扇，但由于电加热器或制冷风扇只能为 ON 或 OFF，不能接受模拟量调节，故采用调节"占空比"的调节方法。

温度传感器检测到的温度值送入 PLC 后，若经 PID 指令运算得到一个 0~1 的实数，把该实数按比例换算成一个 0~100 的整数，把该整数作为一个范围为 0~10s 的时间 T。设计一个周期为 10s 的脉冲。脉冲宽度为 T，把该脉冲加给电加热器或致冷风扇，即可控制温度了。

编程方式有两种，一是用 PID 指令来编程，另一种可以用编程软件中的 PID 指令向导来编程。

(1) PID 指令编程。PLC 的 I/O 分配如表 7-13 所示。

表 7-13　输入/输出点分配

输　入		输　出		
元件名称、符号	输 入 点	元件名称、符号		输 出 点
温度传感器　PT100	AIW0	加热器	R	Q1.0
		风扇	M	Q1.1

打开编程软件，配置 PID 回路参数，如表 7-14 所示。

表 7-14　PID 回路的参数

地　址	参　数	输入数值
VD200	过程变量当前值 PVn	热电阻提供的模拟量经 A/D 转换后的标准值
VD204	给定值 SPn	0.5
VD208	输出值 Mn	PID 回路的输出值
VD212	增益 KC	2000.0
VD216	采样时间 TS	0.2
VD220	积分时间 TI	1E+12
VD224	微分时间 TD	0.0

根据工作要求及 I/O 分配表，用 PID 指令编写的梯形图程序如图 7-19 所示。

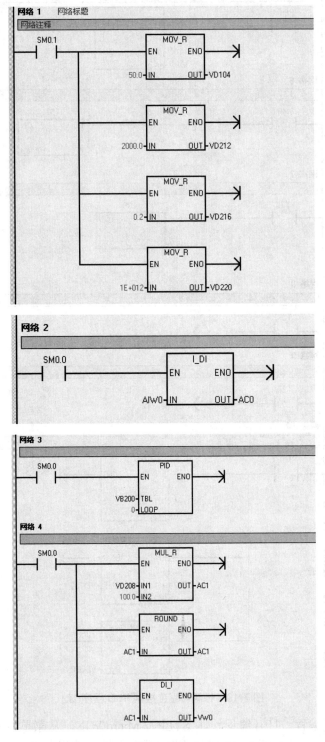

图 7-19　恒温箱温度控制 PLC 程序

网络 5

```
   SM0.0                      SUB_I
 ──┤ ├──────────────────┬──EN      ENO──────┤
                        │                    
                  +100──┤IN1       OUT──VW2
                   VW0──┤IN2
```

网络 6

```
   SM0.0      T38                         T37
 ──┤ ├───────┤/├──────────────────┬──IN       TON
                                   │
                              VW2──┤PT      100 ms
```

网络 7

```
   T37                                    T38
 ──┤ ├──────────────────────────────┬──IN       TON
                                     │
                                VW0──┤PT      100 ms
```

网络 8

```
   T37          Q1.0
 ──┤ ├──────────( )
```

网络 9

```
   T37          Q1.1
 ──┤/├──────────( )
```

网络 10

```
   SM0.0                      DIV_R
 ──┤ ├──────────────────┬──EN      ENO──────┤
                        │
                VD104──┤IN1       OUT──VD204
                100.0──┤IN2


                        │          MUL_R
                        ├──EN      ENO──────┤
                        │
                VD200──┤IN1       OUT──VD100
                100.0──┤IN2


                        │          ROUND
                        ├──EN      ENO──────┤
                        │
                VD100──┤IN       OUT──VD300
```

图 7-19　恒温箱温度控制 PLC 程序(续)

(2) 指令向导编程。打开编程软件 STEP 7-Micro/WIN，从菜单栏中选择"工具"→"指令向导"命令，出现如图 7-20 所示的指令向导画面，选择 PID，单击"下一步"按钮后，出现如图 7-21 所示的画面，在该画面中配置 0 号回路，然后单击"下一步"按钮。

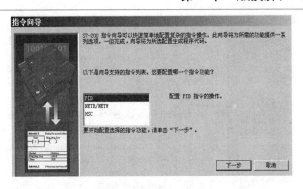

图 7-20　指令向导(一)

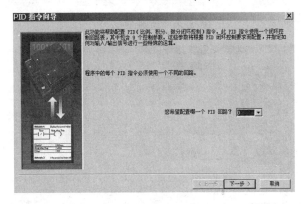

图 7-21　指令向导(二)

在图 7-22 中设置给定值的低限与高限，对应温度值，回路参数值需要整定填入，然后单击"下一步"按钮。

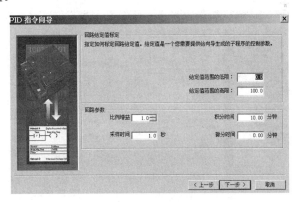

图 7-22　指令向导(三)

在图 7-23 中设置标定为"单极性"，范围低限为 0，范围高限为 32000，输出类型为模拟量，单击"下一步"按钮，在图 7-24 中设置分配存储区，范围在 VB0~VB119，单击"下一步"按钮，出现如图 7-25 所示的画面，可命名初始化子程序名和中断程序名，使用默认的即可，然后单击"下一步"按钮，直至指令向导结束。

注意：配置的地址元件在程序中要求全部未使用过。

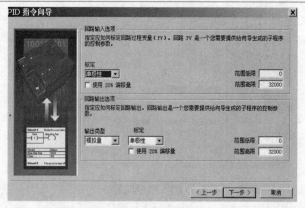

图 7-23　指令向导(四)

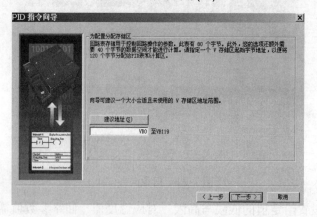

图 7-24　指令向导(五)

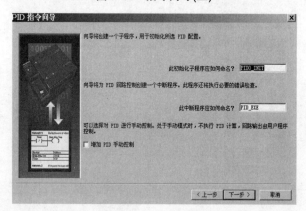

图 7-25　指令向导(六)

　　PID 指令配置完成后，将会自动生成初始化子程序和中断程序。

　　在主程序中调用初始化子程序，即可对温度进行 PID 调节，主程序如图 7-26 所示。

　　PLC 运行过程中，可在编程软件中选择"工具"→"PID 调节控制面板"菜单命令，在 PID 调节控制面板上可动态显示被控量的趋势曲线，并可手动设置 PID 参数，使系统达到较好的控制效果。

网络1

SM0.0　　　　PID0_INIT
　┤├─────┤EN

　　　　AIW0 ─┤PV_I　　Output├─ M0.0
　　　　50.0 ─┤Setpoin

//AIW0为温度检测值，
50.0为温度设定值，
M0.0为离散量输出

网络2

M0.0　　　　　　　Q1.0
┤├─────────( )

网络3

M0.0　　　　　　　Q1.1
┤/├────────( )

图 7-26　主程序

4)　触摸屏监控

设 PLC 采用第一种编程方式，即 PID 指令编程方式，触摸屏的功能，是可以对 PID 的各参数进行设置，能对温度的设定值进行设置，还能对恒温箱进行实时监控。

配置的变量如表 7-15 所示。

表 7-15　触摸屏变量

名　　称	连　接	数据类型	地　址	组数计数	采集周期
温度设定值	PLC	Real	VD104	1	1s
回路增益	PLC	Real	VD212	1	1s
积分时间	PLC	Real	VD220	1	1s
微分时间	PLC	Real	VD224	1	1s
检测温度	PLC	DInt	VD300	1	1s
控制量输出	PLC	Real	VD208	1	1s

组态变量详情如图 7-27 所示。

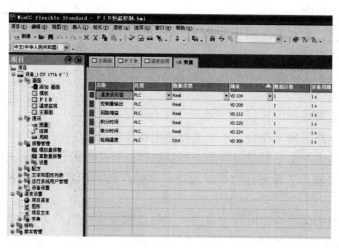

图 7-27　组态变量详情

本项目设置了三个画面，分别为系统画面、PID 参数设置画面和温度监控画面，分别

如图 7-28、图 7-29、图 7-30 所示。

图 7-28　系统画面

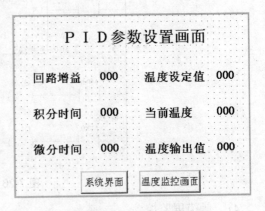

图 7-29　PID 参数设置画面

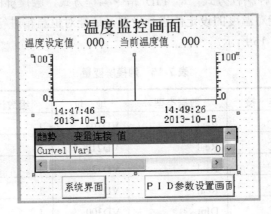

图 7-30　温度监控画面

5. 项目指导

1)　项目实施步骤

(1) PLC 编程。编写梯形图→(录入到)计算机→(转为)"指令表"→(写出)到 PLC。

(2) 触摸屏组态设计。

(3) 触摸屏与 PLC 通信。

(4) 在线调试。

2)　安全注意事项

(1) 在检查电路正确无误后，才能进行通电操作。

(2) 操作过程中严禁手握任何物品，严禁触摸除开关外的任何低压电器。

(3) 严格按照操作步骤进行操作，通电调试操作必须在老师的监视下进行，严禁违规操作。

(4) 训练项目必须在规定时间内完成，同时做到安全操作和文明生产。

6. 项目评估

任务质量考核要求及评分标准见表 7-16。

表 7-16　项目评分表

考核项目	考核要求	配分	评分标准	扣分	得分	备注
系统安装	会安装元件。 按图完整、正确及规范地接线。按照要求编号	30	元件松动扣 2 分，损坏一处扣 4 分。 错、漏线每处扣 2 分。 反圈、压皮、松动，每处扣 2 分。 错、漏编号，每处扣 1 分			
编程操作	会建立程序新文件。 正确输入梯形图。 正确保存文件。 会传送程序。 会转换梯形图	40	不能建立程序新文件或者建立错误，扣 4 分。 输入梯形图错误，每处扣 2 分。 保存文件错误，扣 4 分。 传送文件错误，扣 4 分。 转换梯形图错误，扣 4 分			
运行操作	操作运作系统，分析运行结果。 会监控梯形图。 修改程序，完善梯形图	30	系统通道操作错误，每步扣 3 分。 分析运行结果错误，每处扣 2 分。 监控梯形图错误，每处扣 2 分。 编辑修改程序错误，每处扣 2 分			
安全生产	自觉遵守安全文明生产规程		每违反一项规定，扣 3 分。 发生安全事故，0 分处理。 漏接接地线，每处扣 5 分			
时间	4 小时		提前正确完成，每 min 加 5 分。 超过定额时间，每 5min 扣 2 分			
开始时间：　　　　　　　结束时间：　　　　　　　　　　　实际时间：						

7.3　基于 PLC、变频器和触摸屏的水位控制

本项目利用 PLC 的 PID 控制，实现对水箱的水位恒液位的控制，水位控制范围为 0~100mm，PLC 作为控制器，触摸屏作为人机界面，通过人机界面可设定水位和系统运行的其他各个参数。

1. 项目描述

1)　项目要求

有一个水箱需要维持一定的水位(例如 75%水位高度)，该水箱的水以变化的速度流出，这就需要一个用变频器控制的电动机拖动水泵供水。当出水量增大时，变频器输出频率提高，使电动机升速，增加供水量；反之电动机降速，减少供水量，始终维持水位不变化，如图 7-31 所示。

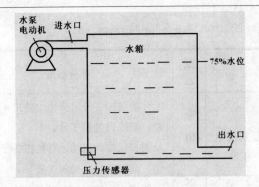

图 7-31　恒压供水系统

2)　项目流程

本项目的学习过程如图 7-32 所示。

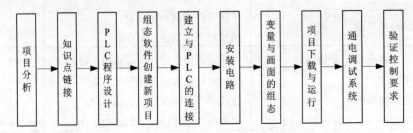

图 7-32　任务流程

2. 项目导入

1)　主电路

恒压供水系统的主电路如图 7-33 所示。

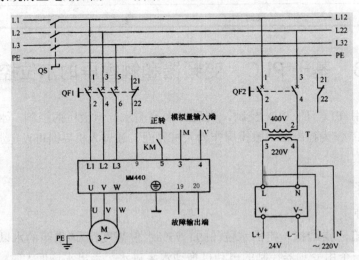

图 7-33　主电路

电动机受 MM440 变频器调速，由空气开关 QF1 提供过载和短路保护。变频器的模拟量输入端连接 PLC 的电压输出端(V,M)，随 D/A 转换电压对电动机进行调速。变频器正转控制端 5 受接触器 KM 控制，3、4 端为模拟量输入端，模拟电压为 0~10V，对应转速为 0~1500r/min。电源 380V AC 经变压器 T 降压为 220V AC，提供 PLC 使用，220V AC 经整流后，输出 24V DC 供给触摸屏使用。

2) PLC 控制电路

PLC 控制电路如图 7-34 所示。控制电路由西门子 S7-200 CN(CPU224XP CN AC/DC/RLY)PLC、触摸屏 TP177A6″组成。触摸屏使用 24V 直流电源，与 PLC 通过通信电缆进行通信。压力传感器将水位的变化转换为电压信号(0~100%水位对应着模拟电压 0~10V)，该信号即为系统的反馈信号，送入 S7-200 CN(CPU224XP CN AC/DC/RLY)的 A+、M 端，经 A/D 转换后，输出 0~10V 模拟电压，送到变频器的模拟量控制端 3、4，从而控制变频器的输出频率，对电动机进行调速。

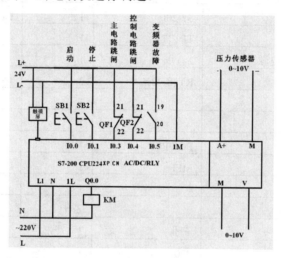

图 7-34　PLC 控制电路

该系统的 PLC 输入输出端口如表 7-17 所示。

表 7-17　输入输出端口分配

类　别	地　址	作　用
启动 SB1	I0.0	启动
停止 SB2	I0.1	停止
断路器 QF1	I0.3	主电路跳闸
断路器 QF2	I0.4	控制电路跳闸
变频器故障输出	I0.5	变频器故障
压力传感器	AIW0	0~10V 反馈信号输入
接触器 KM	Q0.0	控制水泵电动机
变频器调速信号	AQW0	信号输出，控制变频器输出频率

3. 项目准备

完成项目所需要的条件见表 7-18、表 7-19、表 7-20。

表 7-18　材料准备

序　号	材料名称	规　格	数　量	备　注
1	导线	线径 0.75	若干	
2	接线端子	U 型和 I 型	若干	
3	号码管		若干	

表 7-19　设备准备

序　号	名　称	规　格	数　量	备　注
1	电脑		1	1 套
2	PLC	S7-200	1	CPU224XP CN
3	触摸屏	TP177A	1	
4	直流稳压电源	24V	1	
5	断路器	RT18-32X	2	熔芯 4A
6	变压器		1	
7	接触器		1	
8	编程电缆	PC/PPI	1	
9	通信电缆	MPI	1	
10	水箱		1	
11	导轨		若干	
12	插线板	三孔	1	
13	电源	220V	1	
14	万用表	自备	1	
15	按钮		3	
16	行程开关		1	
17	变频器	MM440	1	

表 7-20　工具、量具、刃具准备

序　号	名　称	规　格	精　度	数　量
1	剥线钳			1 把/人
2	一字起			1 把/人
3	梅花起			1 把/人
4	压线钳			1 把/人
5	剪线钳			1 把/人

4. 项目分析

(1) 因为液位高度与水箱底部的水压成正比，故可用一个压力传感器来检测水箱底部压力，从而确定液位高度。要控制水位恒定，需用 PID 算法对水位进行自动调节。把压力传感器检测到的水位信号 4~20mA 送入 PLC 中，在 PLC 中对设定值与检测值的偏差进行 PID 运算，用运算结果输出来调节水泵电动机的转速，从而调节进水量。

(2) 水泵电动机的转速可由变频器进行调节。

(3) 运用 WinCC flexible 作为上位机，实现对水箱水位的控制与监控。

(4) 项目参考画面如图 7-35 所示。

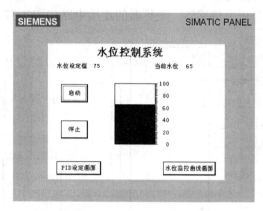

图 7-35 水箱水位的监控画面

5. 项目实施

1) 元件选型

(1) PLC 选型。为了能接收压力传感器的模拟量信号和调节水泵电动机转速，特选择 PLC 型号为 S7-200 CPU224XP CN，该 PLC 上自带有模拟量的输入和输出通道。

(2) 变频器选型。为了能调节水泵电动机转速，从而调节进水量，特选择西门子的 MM440 变频器。

(3) 触摸屏选型。为了能对水位值进行设定，及对系统运行状态进行监控，特选用西门子人机界面 TP170A 触摸屏。

(4) 水箱对象设备。水箱对象选用科莱德 KLDSX 设备，如图 7-36 所示。

图 7-36 水箱设备

2) PLC 的 I/O 分配及电路图

(1) PLC 的 I/O 分配。PLC 的 I/O 分配如下。

I0.0：启动按钮。

I0.1：停止按钮。

Q0.0：控制水泵电动机运行。

(2) 电路图。PLC 与压力传感器、变频器的连接电路如图 7-37 所示。

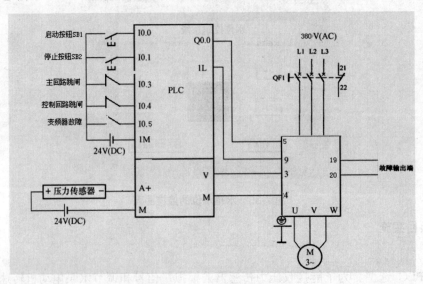

图 7-37　电路连接

3) MM440 变频器的参数设置

MM440 变频器的参数设置如表 7-21 所示。

表 7-21　变频器的参数设置

参 数 号	出 厂 值	设 置 值	说　明
P0003	1	1	P0003=1，标准级(基本的应用)
P0010	30	1	P0010=1，快速调试
P0304		380	电动机额定电压(V)
P0305		0.35	电动机额定电流(A)
P0307		0.06	电动机额定功率(kW)
P0310		50	电动机额定频率(Hz)
P0311		1430	电动机额定转速(r/min)
P0003	1	2	P0003=2，扩展级(标准应用)
P0010	30	0	P0010=0，准备运行
P0700	2	2	P0700=2，命令源选择从端子排输入
P1000	2	2	频率设定值选择为模拟输入
P1080	0	0	电动机运行的最低频率
P1080	50	50	电动机运行的最高频率

4)　PLC 编程

(1)　PID 回路参数如表 7-22 所示。

表 7-22　供水控制系统的 PID 回路参数

地　址	参　数	输入数值
VD100	过程变量当前值 PVn	压力传感器提供的模拟量经 A/D 转换后的标准值
VD104	给定值 SPn	0.75
VD108	输出值 Mn	PID 回路的输出值
VD112	增益 KC	0.25
VD116	采样时间 TS	0.1
VD120	积分时间 TI	30.0
VD124	微分时间 TD	0.0

(2)　PLC 控制程序。水位控制主程序如图 7-38 所示。

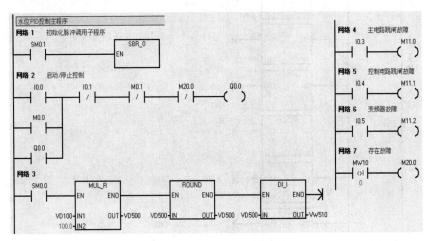

图 7-38　水位控制主程序

在网络 1 中，开机(SM0.1=1)调用子程序 SBR_0，对 PID 参数进行初始化。

在网络 2 中，按下启动按钮 I0.0 或触摸屏"启动按钮"M0.0 时，电动机 Q0.0 启动并自锁。按下停止按钮 I0.1 或触摸屏"停止按钮"M0.1 时，电动机 Q0.0 停止并解除自锁。

网络 3 中，是将过程变量 VD100 乘以 100.0，取整然后转换为整数送 VW510 进行显示。

网络 4~6 是离散量故障位，与触摸屏的"事故信息"对应关系见表 7-23。

表 7-23　故障位与触摸屏的"事故信息"对应

字	事故信息 MW10							
字节	MB10	MB11						
位		MB11.7	M11.6	M11.5	M11.4	M11.3	M11.2	M11.1	M11.0
故障信息							变频器故障	控制电路跳闸	主电路跳闸
输入							I0.5	I0.4	I0.3

在网络 4 中，正常工作时，主电路空气开关 QF1 合闸，其常闭触点断开，I0.3 没有输入，一旦跳闸，QF1 常闭触点接通，I0.3 有输入，使 M11.0 为 1。

网络 5 中的控制电路跳闸与主电路跳闸相同。

在网络 6 中，当变频器发生故障时，变频器的 19 与 20 接通，I0.5 有输入，使 M11.2 为 1。

在网络 7 中，当发生离散量报警故障时，(MW10≠0)，M20.0 有输出，网络 2 中的 M20.0 常闭触点断开，Q0.0 断电，电动机停机。

水位控制子程序如图 7-39 所示，先进行 PID 回路的初始化，按照表 7-22 所示将参数 (给定值 SPn、增益 KC、采样时间 TS、积分时间 TI、微分时间 TD)填入回路表，然后再设置定时中断，以便周期地执行 PID 指令。

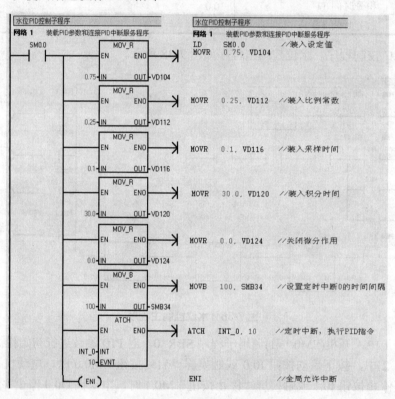

图 7-39 水位控制子程序

(3) 中断服务程序。中断服务程序如图 7-40 所示，首先将模拟量输入模块提供的过程变量 PVn 转换为标准化的实数(0.0~1.0 之间的实数)，标准化可由如下公式实现：

$$R_{Norm} = (R_{Raw} / Span) + Offset$$

其中：R_{Norm}——标准化的实数值。

R_{Raw}——没有标准化的实数值或原值。

Offset——单极性为 0.0，双极性为 0.5。

Span——值域大小，可能的最大值减去可能的最小值(单极性为 32000，双极性为 64000)。

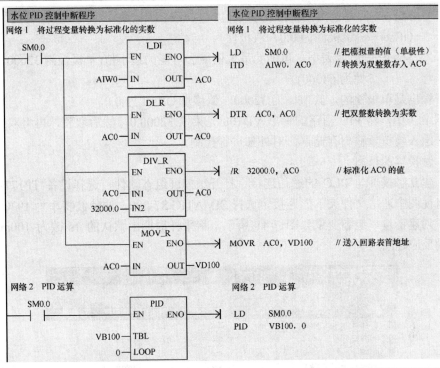

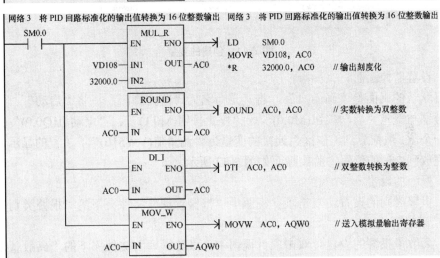

图 7-40　中断服务程序

在网络 1 中，模拟量输入 AIW0 先转换为双整数，然后再转换成实数。

由于是单极性的，其值域为 32000，偏移量 Offset 为 0.0，所以除以 32000.0，并填入回路表的 VD100 中。

在网络 2 中，进行 PID 运算。

PID 运算的输出是标准化实数值 Mn。要进行控制，就必须先将其刻度化。刻度化可以使用下面的公式：

$$R_{Scal} = (Mn - Offset) \times Span$$

其中：R_{Scal}——回路输出的刻度实数值。

Mn——回路输出的标准化实数值。

Offset——单极性为 0.0，双极性为 0.5。

Span——值域大小，可能的最大值减去可能的最小值(单极性为 32000，双极性为 64000)。

由于输出是单极性的，其值域为 32000，偏移量 Offset 为 0.0。

在网络 3 中，将 PID 回路的输出 VD108 先乘以 32000.0，然后取整，再将双整数转换成整数，送入模拟量输出存储器，对外部进行控制。

5) 触摸屏的组态

(1) 建立触摸屏与 PLC 的通信连接。打开触摸屏组态软件，选择设备 TP177A 6″，双击项目视图中通信文件夹下的连接，选择 SIMATIC S7-200，通信波特率为 19200。

(2) 创建变量。组态变量如图 7-41 所示，将采样周期由默认的 1s 改为 100ms，以提高故障的反应速度。

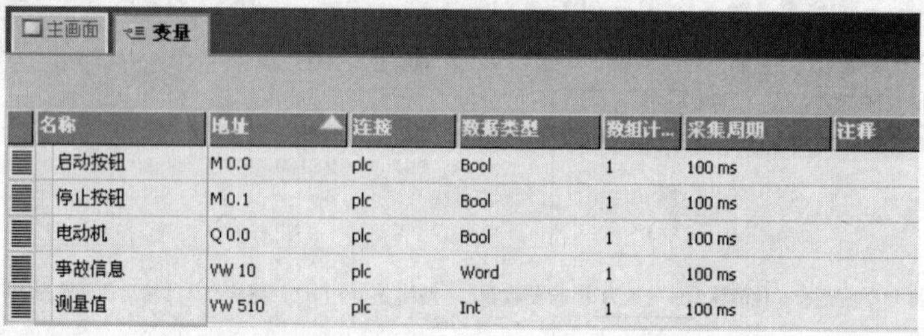

名称	地址	连接	数据类型	数组计数	采集周期	注释
启动按钮	M 0.0	plc	Bool	1	100 ms	
停止按钮	M 0.1	plc	Bool	1	100 ms	
电动机	Q 0.0	plc	Bool	1	100 ms	
事故信息	VW 10	plc	Word	1	100 ms	
测量值	VW 510	plc	Int	1	100 ms	

图 7-41　创建的变量

(3) 设置监控画面。

项目默认的画面是"画面_1"，将其重命名为"监控画面"，将"启动"、"停止"指示灯分别与变量"启动按钮(M0.0)"、"停止按钮(M0.1)"、"电动机(Q0.0)"关联，将棒图和一个 IO 域拖放到工作区，连接的变量为"测量值(VW510)"，3 位的显示，将日期时间域拖放到合适的位置，监控画面如图 7-42 所示。

(4) 报警的设置。

① 报警类别的设置。双击项目视图中"报警管理"文件夹下的"报警类别"，按如图 7-43 所示进行设置。

② 离散量报警的设置。双击项目视图中"报警管理"文件夹下的"离散量报警"，按图 7-44 所示进行设置。

在"主电路跳闸"属性视图的"属性"→"信息文本"内输入"主电路跳闸故障检查：1.PLC 输入端口 I0.3　2.空气开关 QF1　3.电动机"。

在"控制电路跳闸"属性视图的"属性"→"信息文本"内输入"控制电路跳闸故障检查：1.PLC 输入端口 I0.4　2.空气开关 QF2"。

在"变频器故障"的"信息文本"内输入"变频器故障检查：1.PLC 输入端口 I0.5　2.变频器"。

③ 报警窗口和报警指示灯的设置。双击项目视图中"画面"文件夹下的"模板"图标，打开模板画面，将工具箱中的"增强对象"组中的"报警窗口"与"报警指示器"图标拖放到画面模板中，按图 7-45 进行设置。

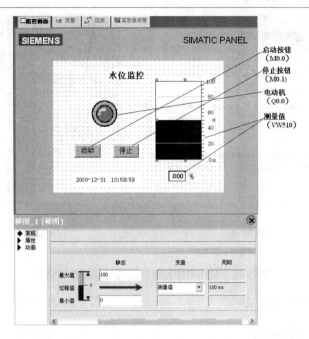

图 7-42　监控画面

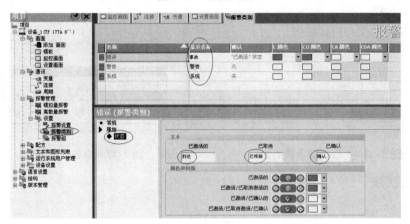

图 7-43　报警类别的设置

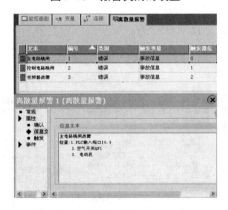

图 7-44　离散量报警的设置

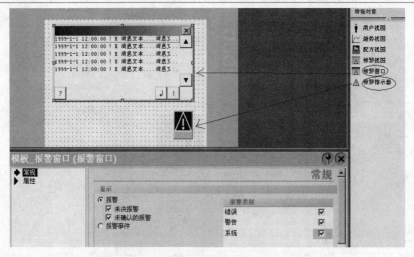

图 7-45　模板中的报警窗口与报警指示器设置

④ 触摸屏 PID 参数设置画面如图 7-46 所示，水位监控曲线画面如图 7-47 所示。

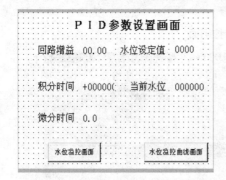

图 7-46　PID 参数设置画面

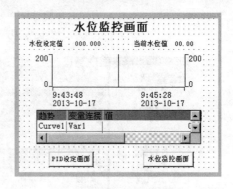

图 7-47　水位监控画面

6. 项目实践

1) 项目任务

基本任务：完成水箱水位控制、参数设置、触摸屏组态、硬件接线、PLC 编程、在线调试等工作。

利用设备，拟好方案，完成项目任务。

2) 实践步骤

操作步骤如图 7-48 所示。

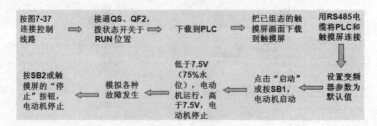

图 7-48　操作步骤

(1) 接线。按图 7-37 所示的电路，连接三相异步电动机控制线路。

(2) 接通 QS、QF2，拨 PLC 状态开关于 RUN 位置。

(3) 将 PC/PPI 电缆接连到 PLC，打开 PLC 电源，启动编程软件，单击工具栏中的停止图标■，使 PLC 处于 STOP 状态。把图 7-38 ~ 7-40 所示的梯形图下载到 PLC 中，断开 QF2。

(4) 将 PC/PPI 电缆接连到触摸屏，接通 QF2，把已组态的触摸屏画面下载到触摸屏，然后关闭 QF2。

(5) 用 RS485 电缆将 PLC 与触摸屏连接起来。

(6) 接通 QF1，设置变频器参数。

(7) 按下启动按钮 SB1 或触摸屏的"启动"按钮，调节模拟量输入信号，当低于 7.5V(75%水位)时，电动机运行。当大于 7.5V 时，电动机停止运行。

(8) 接通 I0.3，电动机停机，触摸屏显示主电路跳闸故障；接通 I0.4，电动机停机，触摸屏显示控制电路跳闸故障；接通 I0.5，电动机停机，触摸屏显示变频器跳闸故障。对于每一种故障显示，单击报警窗口中的故障确认，故障排除后，报警窗口和报警指示器自动消失。

(9) 按下停止按钮 SB2 或触摸屏上的"停止"按钮，电动机停止。

3) 安全注意事项

(1) 在检查电路正确无误后，才能进行通电操作。

(2) 操作过程中严禁手握任何物品，严禁触摸除开关外的任何低压电器。

(3) 严格按照操作步骤进行操作，通电调试操作必须在老师的监视下进行，严禁违规操作。

(4) 训练项目必须在规定时间内完成，同时做到安全操作和文明生产。

7. 项目评估

任务质量考核要求及评分标准见表 7-24。

表 7-24　项目评分表

考核项目	考核要求	配分	评分标准	扣分	得分	备注
系统安装	会安装元件。 按图完整、正确及规范接线。按照要求编号	30	元件松动扣 2 分，损坏一处扣 4 分。 错、漏线每处扣 2 分。 反圈、压皮、松动，每处扣 2 分。 错、漏编号，每处扣 1 分			
编程操作	会建立程序新文件。 正确输入梯形图。 正确保存文件。 会传送程序。 会转换梯形图	40	不能建立程序新文件或建立错误，扣 4 分。 输入梯形图错误，每处扣 2 分。 保存文件错误，扣 4 分。 传送文件错误，扣 4 分。 转换梯形图错误，扣 4 分			

续表

考核项目	考核要求	配分	评分标准	扣分	得分	备注
运行操作	操作运作系统，分析运行结果。 会监控梯形图。 编辑修改程序，完善梯形图	30	系统通道操作错误，每步扣 3 分。 分析运行结果错误，每处扣 2 分。 监控梯形图错误，每处扣 2 分。 编辑修改程序错误，每处扣 2 分			
安全生产	自觉遵守安全文明生产规程		每违反一项规定，扣 3 分。 发生安全事故，0 分处理。 漏接接地线，每处扣 5 分			
时间	4 小时		提前正确完成，每 min 加 5 分。 超过定额时间，每 5min 扣 2 分			

开始时间：　　　　　　结束时间：　　　　　　实际时间：

7.4　基于 PLC 和触摸屏的混凝土搅拌站的控制

本项目利用 PLC 实现对搅拌站的控制，根据各种配方设定进行混凝土的制作，PLC 作为控制器，触摸屏作为人机界面，通过人机界面可设定系统运行的各种参数。

1. 项目描述

1)　项目要求

模拟混凝土搅拌站的工作模式，根据生产量，选择合适的配比，在系统中进行监控，如图 7-49 所示。

图 7-49　搅拌站示意图

2)　项目流程

本项目的学习过程如图 7-50 所示。

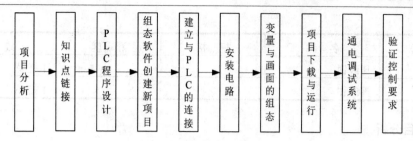

图 7-50　任务流程

2. 项目准备

完成项目所需要的条件见表 7-25、表 7-26、表 7-27。

表 7-25　材料准备

序　号	材料名称	规　格	数　量	备　注
1	导线	线径 0.75	若干	
2	接线端子	U 型和 I 型	若干	
3	号码管		若干	

表 7-26　设备准备

序　号	名　称	规　格	数　量	备　注
1	电脑		1	1 套
2	PLC	S7-200	1	CPU224XP CN
3	触摸屏	TP177A	1	
4	直流稳压电源	24V	1	
5	熔断器	RT18-32X	2	熔芯 4A
6	编程电缆	PC/PPI	1	
7	通信电缆	MPI	1	
8	电位器		4	
9	导轨		若干	
10	插线板	三孔	1	
11	电源	220V	1	
12	万用表	自备	1	
13	按钮		2	

表 7-27　工具、量具、刃具准备

序　号	名　称	规　格	精　度	数　量
1	剥线钳			1 把/人
2	一字起			1 把/人
3	梅花起			1 把/人

序 号	名 称	规 格	精 度	数 量
4	压线钳			1 把/人
5	剪线钳			1 把/人

3. 项目分析

(1) 对混凝土搅拌站生产进行控制，要对物料进行称重，需要称重传感器。通过 PLC 将模拟量换算为数字量。

(2) 运用 WinCC flexible 创建新项目，与 S7-200 PLC 建立连接，建立变量，建立组态，实现相关的控制。

(3) 把 WinCC flexible 项目下载至触摸屏中，并实现与 PLC 的在线运行。

(4) 项目参考画面如图 7-51 所示。

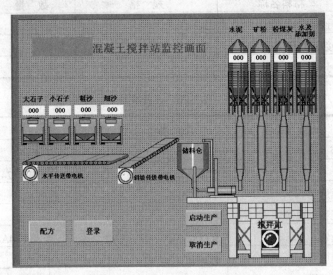

图 7-51　混凝土搅拌站监控画面

4. 项目实施

1) 元件选型

(1) PLC 选型。PLC 选择 S7-200 CPU224XP CN，该 PLC 上自带有模拟量的输入和输出通道。因此节省了元件成本。CPU224XP 自带的模拟量 I/O 规格如表 7-28 所示，含有两个模拟量输入通道和一个模拟量输出通道。

表 7-28　CPU224XP 自带的模拟量 I/O 规格

信号类型	电压信号	电流信号
模拟量输入 X2	+10V	-
模拟量输出 X1	0~10V	0~20mA

在 S7-200 中，单极性模拟量输入/输出的信号数值范围是 0~32000；双极性模拟量信

号的数值范围是-32000～+32000。

(2)　触摸屏选型。选择 TP335 西门子触摸屏。

(3)　称重传感器选型。选择电位器调节电压来模拟重量，把信号转换成 0~10V 的电压信号，送入 PLC 的模拟量输入通道。

2)　PLC 软元件分配

PLC 软元件分配如下。

Q0.0：控制水平传送带。

Q0.1：控制斜坡传送带。

Q0.2：控制搅拌电动机。

AIW0：接收称重传感器的重量值。

3)　PLC 编程

为了使 PLC 完成混凝土搅拌站整个生产过程的现场控制功能，PLC 需要采集各秤的重量信号及其他传感器和行程开关提供的开关量信号，并对此进行处理后，输出对电磁阀、电动机等各执行机构的控制信号，其具体细节如下。

石料斗秤、沙料斗秤等由称重传感器感应的信号分别经称重变送器进入 PLC。由于变送器输出的是并行 BCD 码，所以需经过程序转换成二进制码，存储在 PLC 的数据寄存器中。然后经过 PLC 程序处理。

各秤斗称量时，达到设定值时，停止给料。

由于秤斗上粘附的原料使称重产生偏差，所以需要进行去皮处理。去皮时，PLC 记下此时的重量，此重量即为基准零点。在称量时，用总重量减去基准零点值，得到的就是原料的准确重量。

(1)　PLC 的 I/O 分配如表 7-29 所示。

表 7-29　输入/输出点的分配

输　入		输　出	
I0.0	启动	Q0.0	循环开始信号灯
I0.1	手动开始	Q0.1	搅拌机
I0.2	自动循环停止	Q0.2	小石输送
I0.3	急停	Q0.3	大石输送
I0.4	搅拌下限位	Q0.4	粗砂输送
I0.5	搅拌上限位	Q0.5	细沙输送
I0.6	小石料箱闸门状态	Q0.6	水泥输送
I0.7	大石料箱闸门状态	Q0.7	水及添加剂输送
I1.0	粗砂料箱闸门状态	Q1.0	矿粉输送
I1.1	细沙料箱闸门状态	Q1.1	粉煤灰输送
I1.2	小石料放料完成信号	Q1.2	小石料闸门
I1.3	大石料放料完成信号	Q1.3	大石料闸门
I1.4	粗砂放料完成信号	Q1.4	粗砂料闸门

续表

输　入		输　出	
I1.5	细沙放料完成信号	Q1.5	细沙料闸门
		Q1.6	配料放完信号
		Q1.7	搅拌机开闸
		Q2.0	一次循环结束指示
		Q2.1	传送带
		Q2.2	全部放料完成

(2) 模拟量参数如表 7-30 所示。

表 7-30　模拟量输入地址

AIW0	小石料重量(小石料重量传感器输入)
AIW2	大石料重量(大石料重量传感器输入)
AIW4	粗砂料重量(粗砂重量传感器输入)
AIW6	细砂料重量(细砂重量传感器输入)

(3) 根据工作要求及 I/O 分配表，从指令编写的梯形图程序如图 7-52 所示。

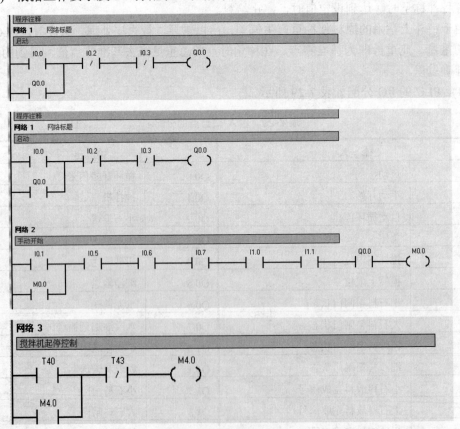

图 7-52　PLC 控制程序(一)

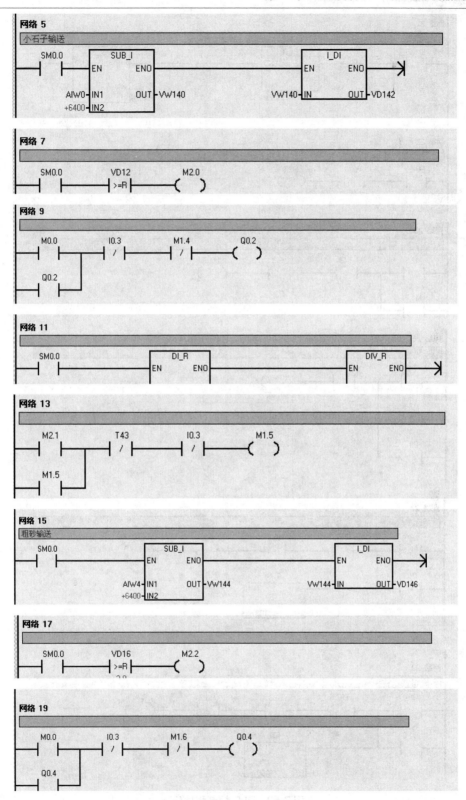

图 7-52 PLC 控制程序(二)

图 7-52   PLC 控制程序(三)

网络 29

粉煤灰输送

```
  M0.0      T50        I0.3       M3.2       Q1.1
──┤├──┬───┤/├──────┤/├───────┤/├───────(  )──
  Q1.1  │                         T50
──┤├────┘                    ┌─────────────┐
                             │IN        TON│
                             │             │
                         300─┤PT    100 ms │
                             └─────────────┘
```

网络 30

小石料箱闸门开、关控制

```
  M1.4      I0.3       I1.2       Q1.2
──┤├──┬───┤/├──────┤/├───────(  )──
  Q1.2  │
──┤├────┘
```

网络 31

大石料箱闸门开、关控制

```
  M1.5      I0.3       I1.3       Q1.3
──┤├──┬───┤/├──────┤/├───────(  )──
  Q1.3  │
──┤├────┘
```

网络 32

粗砂料箱闸门开、关控制

```
  M1.6      I0.3       I1.4       Q1.4
──┤├──┬───┤/├──────┤/├───────(  )──
  Q1.4  │
──┤├────┘
```

网络 33

细砂料箱闸门开、关控制

```
  M1.7      I0.3       I1.5       Q1.5
──┤├──┬───┤/├──────┤/├───────(  )──
  Q1.5  │
──┤├────┘
```

网络 34

小石料箱放料完

```
  I1.2      I0.3       T43        M0.1
──┤├──┬───┤/├──────┤/├───────(  )──
  M0.1  │
──┤├────┘
```

网络 35

大石料箱放料完

```
  I1.3      I0.3       T43        M0.2
──┤├──┬───┤/├──────┤/├───────(  )──
  M0.2  │
──┤├────┘
```

网络 36

粗砂料箱放料完

```
  I1.4      I0.3       T43        M0.3
──┤├──┬───┤/├──────┤/├───────(  )──
  M0.3  │
──┤├────┘
```

图 7-52　PLC 控制程序(四)

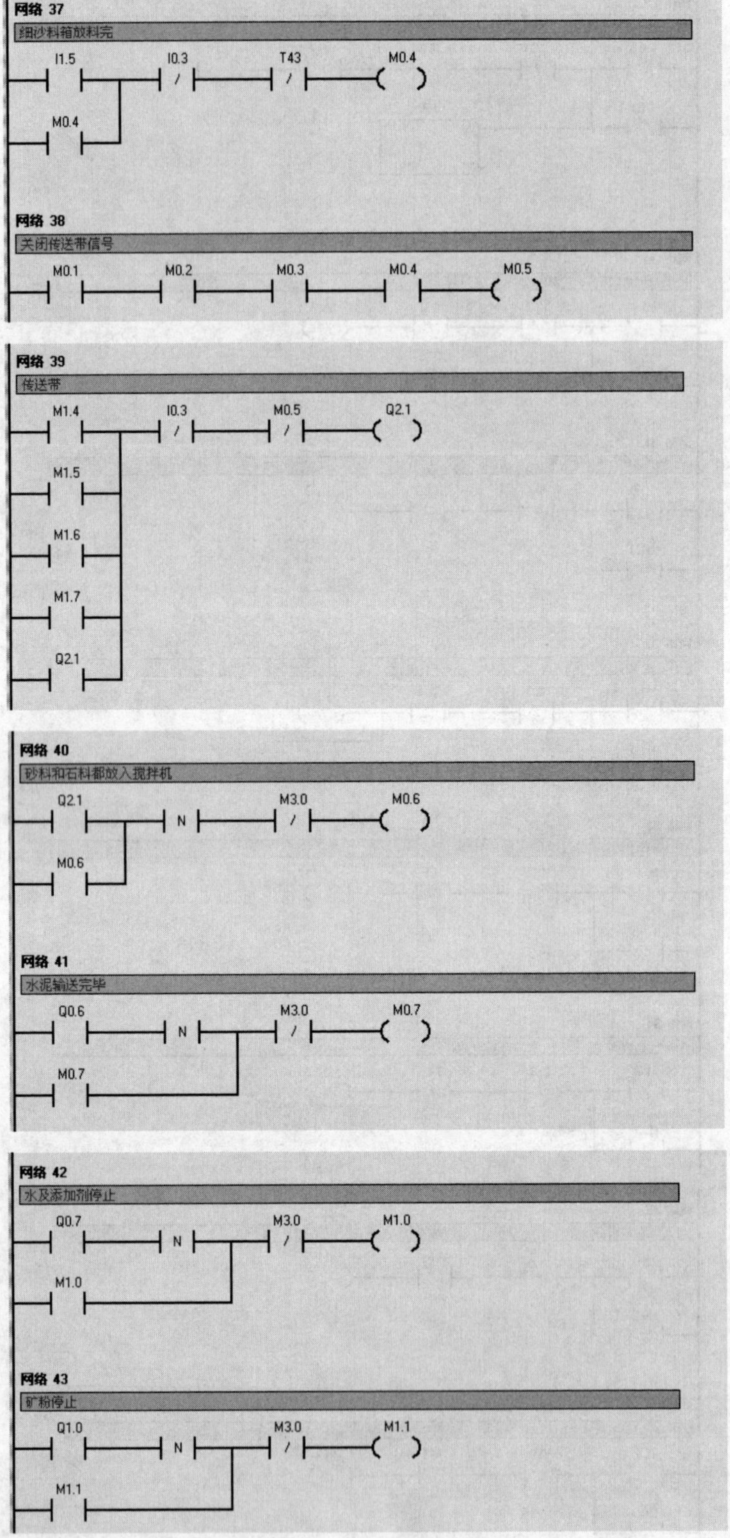

网络 37
细沙料箱放料完
```
  I1.5        I0.3        T43         M0.4
──┤ ├──┬──────┤/├────────┤/├────────( )──
  M0.4  │
──┤ ├───┘
```

网络 38
关闭传送带信号
```
  M0.1        M0.2        M0.3        M0.4        M0.5
──┤ ├────────┤ ├────────┤ ├────────┤ ├────────( )──
```

网络 39
传送带
```
  M1.4        I0.3        M0.5        Q2.1
──┤ ├──┬──────┤/├────────┤/├────────( )──
  M1.5  │
──┤ ├───┤
  M1.6  │
──┤ ├───┤
  M1.7  │
──┤ ├───┤
  Q2.1  │
──┤ ├───┘
```

网络 40
砂料和石料都放入搅拌机
```
  Q2.1                M3.0        M0.6
──┤ ├──┬───┤N├────────┤/├────────( )──
  M0.6  │
──┤ ├───┘
```

网络 41
水泥输送完毕
```
  Q0.6                M3.0        M0.7
──┤ ├──┬───┤N├───┬────┤ ├────────( )──
  M0.7  │         │
──┤ ├───┘─────────┘
```

网络 42
水及添加剂停止
```
  Q0.7                M3.0        M1.0
──┤ ├──┬───┤N├───┬────┤/├────────( )──
  M1.0  │         │
──┤ ├───┘─────────┘
```

网络 43
矿粉停止
```
  Q1.0                M3.0        M1.1
──┤ ├──┬───┤N├───┬────┤/├────────( )──
  M1.1  │         │
──┤ ├───┘─────────┘
```

图 7-52　PLC 控制程序(五)

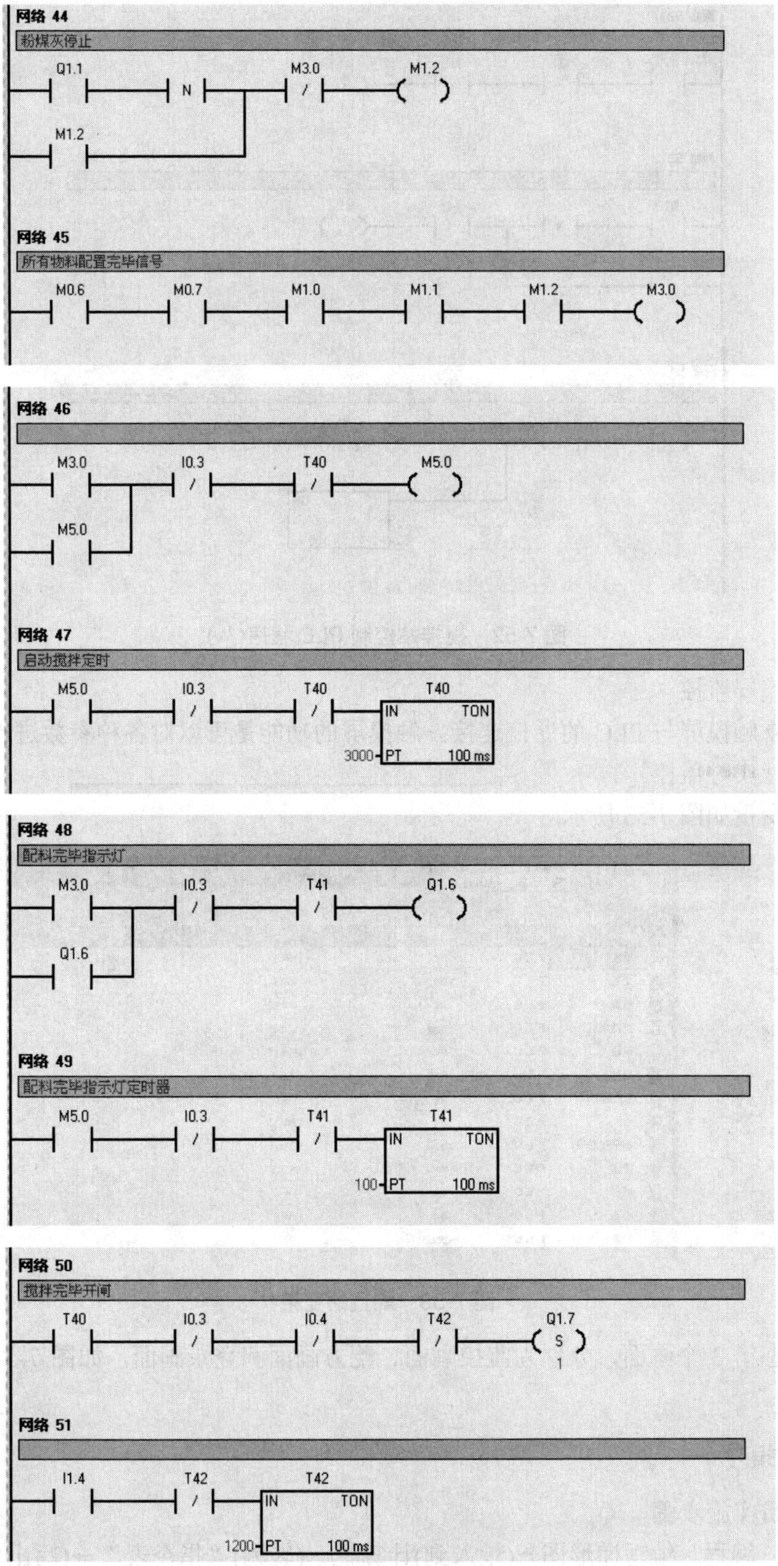

网络 44

粉煤灰停止

```
  Q1.1           N        M3.0        M1.2
──┤ ├──────────┤N├───────┤/├─────────( )──
  M1.2
──┤ ├──────────────────┘
```

网络 45

所有物料配置完毕信号

```
  M0.6      M0.7      M1.0      M1.1      M1.2      M3.0
──┤ ├──────┤ ├──────┤ ├──────┤ ├──────┤ ├───────( )──
```

网络 46

```
  M3.0       I0.3       T40        M5.0
──┤ ├───────┤/├────────┤ ├────────( )──
  M5.0
──┤ ├──────┘
```

网络 47

启动搅拌定时

```
  M5.0       I0.3       T40            T40
──┤ ├───────┤/├────────┤/├──────┤IN      TON│
                                │             │
                          3000 ─┤PT   100 ms │
```

网络 48

配料完毕指示灯

```
  M3.0       I0.3       T41        Q1.6
──┤ ├───────┤/├────────┤/├────────( )──
  Q1.6
──┤ ├──────┘
```

网络 49

配料完毕指示灯定时器

```
  M5.0       I0.3       T41            T41
──┤ ├───────┤/├────────┤/├──────┤IN      TON│
                                │             │
                           100 ─┤PT   100 ms │
```

网络 50

搅拌完毕开闸

```
  T40       I0.3       I0.4       T42        Q1.7
──┤ ├──────┤/├────────┤/├────────┤ ├────────( S )──
                                              1
```

网络 51

```
  I1.4       T42            T42
──┤ ├────────┤/├──────┤IN      TON│
                      │             │
               1200 ─┤PT   100 ms │
```

图 7-52　PLC 控制程序(六)

图 7-52　搅拌站控制 PLC 程序(八)

4)　触摸屏监控

(1)　建立触摸屏与 PLC 的通信连接。触摸屏的功能是可以对各种参数进行设置，还能对搅拌站进行实时监控。

配置的变量如图 7-53 所示。

名称	连接	数据类型	地址	数组计数	采集周期
粗砂	PLC	Int	VW 0	1	1 s
大石	PLC	Int	VW 4	1	1 s
粉煤灰	PLC	Int	VW 12	1	1 s
搅拌电机	PLC	Bool	Q 0.2	1	1 s
矿粉	PLC	Int	VW 14	1	1 s
启动	PLC	Bool	M 0.1	1	1 s
水及添加剂	PLC	Int	VW 8	1	1 s
水泥	PLC	Int	VW 10	1	1 s
水平传送带	PLC	Bool	Q 0.0	1	1 s
停止	PLC	Bool	M 0.2	1	1 s
细砂	PLC	Int	VW 2	1	1 s
小石	PLC	Int	VW 6	1	1 s
斜披传送带	PLC	Bool	Q 0.1	1	1 s

图 7-53　配置的变量

项目组态了 3 个画面，分别为监控画面、配方画面和登录画面，如图 7-54、图 7-55、图 7-56 所示。

5. 项目指导

1)　项目实施步骤

(1)　PLC 编程。编写梯形图→(录入到)计算机→(转为)“指令表”→(写出)到 PLC。

(2)　触摸屏组态设计。

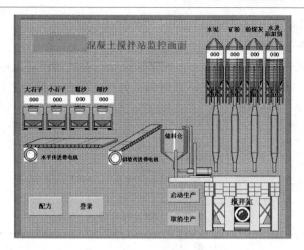

图 7-54　监控画面

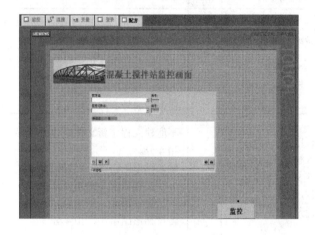

图 7-55　配方画面

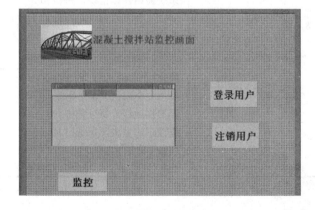

图 7-56　登录画面

(3) 触摸屏与 PLC 通信。

(4) 在线调试。

2) 安全注意事项

(1) 在检查电路正确无误后，才能进行通电操作。

(2) 操作过程中严禁手握任何物品，严禁触摸除开关外的任何低压电器。

(3) 严格按照操作步骤进行操作，通电调试操作必须在老师的监视下进行，严禁违规操作。

(4) 训练项目必须在规定时间内完成，同时做到安全操作和文明生产。

6. 项目评估

任务质量考核要求及评分标准见表 7-31。

表 7-31 项目评分表

考核项目	考核要求	配分	评分标准	扣分	得分	备注
系统安装	会安装元件。 按图完整、正确及规范地接线。按照要求编号	30	元件松动扣 2 分，损坏一处扣 4 分。 错、漏线，每处扣 2 分。 反圈、压皮、松动，每处扣 2 分。 错、漏编号，每处扣 1 分			
编程操作	会建立程序新文件。 正确输入梯形图。 正确保存文件。 会传送程序。 会转换梯形图	40	不能建立程序新文件或建立错误，扣 4 分。 输入梯形图错误，每处扣 2 分。 保存文件错误，扣 4 分。 传送文件错误，扣 4 分。 转换梯形图错误，扣 4 分			
运行操作	操作运作系统，分析运行结果。 会监控梯形图。 编辑修改程序，完善梯形图	30	系统通道操作错误，每步扣 3 分。 分析运行结果错误，每处扣 2 分。 监控梯形图错误，每处扣 2 分。 编辑修改程序错误，每处扣 2 分			
安全生产	自觉遵守安全文明生产规程		每违反一项规定，扣 3 分。 发生安全事故，0 分处理。 漏接接地线，每处扣 5 分			
时间	4 小时		提前正确完成，每 min 加 5 分。 超过定额时间，每 5min 扣 2 分			

开始时间：　　　　　　　结束时间：　　　　　　　　　　实际时间：

本 章 小 结

本章介绍了触摸屏、PLC 和变频器综合应用设计的内容和步骤，包括硬件配置、机型选择、输入和输出配置等基本环节的详情。

习　　题

(1)　实现电动机转速控制。按下电动机的启动按钮，电动机启动运行在 5Hz 所对应的转速；延时 10s 后，电动机升速运行在 10Hz 对应的转速，再延时 10s 后，电动机继续升速运行在 20Hz 对应的转速；以后每隔 10s，则速度按下图依次变化，一个运行周期完成后会自动重新运行。按下停止按钮，电动机停止运行。

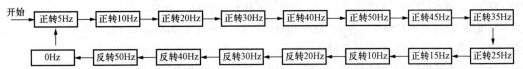

(2)　用触摸屏、PLC 与变频器实现一台电动机的 15 段调速控制，按下启动触摸键后，电动机运行在 5Hz 所对应的转速状态，触摸屏上分别有 14 个按钮控制 15 种电动机运转状态，其他频率由自己决定，但范围控制在 0~50Hz 之间，可以正反转控制。要求画出硬件接线图，编写 PLC 控制程序，画出触摸屏控制界面。

参 考 文 献

[1] 陈建明. 电气控制与 PLC 应用[M]. 北京：电子工业出版社，2006.

[2] 于庆广. 可编程控制器原理及系统设计[M]. 北京：清华大学出版社，2004.

[3] 廖常初. 可编程控制器的编程方法和工程应用[M]. 重庆：重庆大学出版社，2001.

[4] 钟肇燊，范建东. 可编程控制器原理及应用[M]. 广州：华南理工大学出版社，2015.

[5] 魏德仙. 可编程控制器原理及应用[M]. 北京：水利水电出版社，2013.

[6] 柴瑞娟. 西门子 PLC 编程技术及工程应用[M]. 北京：机械工业出版社，2007.

[7] 田龙，陈冬丽，李静. 可编程控制器原理及应用[M]. 南京：东南大学出版社，2014.

[8] 孙平. 可编程控制器原理及应用[M]. 3 版. 北京：高等教育出版社，2014.

[9] 胡学林. 可编程控制器原理及应用[M]. 2 版. 北京：电子工业出版社，2012.

[10] 何献忠. 可编程控制器应用技术(西门子 S7-200 系列)[M]. 2 版. 北京：清华大学出版社，2013.

[11] 施永. 可编程控制器 PLC 应用技术(西门子机型)[M]. 北京：电子工业出版社，2013.

[12] 赵春华. 可编程控制器及其工程应用[M]. 武汉：华中科技大学，2013.